LE
TÉLÉPHONE

EXPLIQUÉ

A TOUT LE MONDE

PAR

PIERRE GIFFARD

6e ÉDITION

AUGMENTÉE D'UNE NOTICE TECHNIQUE
Extraite du procès-verbal de la Société des Ingénieurs civils
Et de 5 gravures sur bois

PARIS

MAURICE DREYFOUS, ÉDITEUR

10, RUE DE LA BOURSE, 10

LE

TÉLÉPHONE

EXPLIQUÉ

A TOUT LE MONDE

EMPLOI DU TÉLÉPHONE BELL.

LE TÉLÉPHONE

EXPLIQUÉ

A TOUT LE MONDE

PAR

PIERRE GIFFARD

6ᵉ ÉDITION

AUGMENTÉE D'UNE NOTICE TECHNIQUE
Extraite du procès-verbal de la Société des Ingénieurs civils
Et de 5 gravures sur bois

PARIS

MAURICE DREYFOUS, ÉDITEUR

10, RUE DE LA BOURSE, 10

Tous droits réservés.

4989-78 — CORBEIL. — IMPRIMERIE DE CRÉTÉ.

LE TÉLÉPHONE

EXPLIQUÉ A TOUT LE MONDE

PREMIÈRE PARTIE

LA DÉCOUVERTE DE GRAHAM BELL

I

Un coin de l'Exposition de Philadelphie. — Appareils électriques. — Le téléphone de M. Bell. — Examen de MM. les savants. — Remarques de sir W. Thomson. — La merveille des merveilles. — Proclamation de la découverte. — L'incrédulité nécessaire. — Le pays des médiums.

Les Expositions ont du bon, quoi qu'en ait dit je ne sais plus quel économiste chagrin. Elles n'ont pas dit leur dernier mot, et celle que Paris aura offerte au monde en 1878 ne sera pas la dernière, n'en déplaise aux prophètes de malheur.

La grande *exhibition* que les Américains avaient organisée en 1876 à Philadelphie n'a point eu, en Europe, un grand succès. N'eût-elle produit que M. Graham Bell et le téléphone, que ce résultat suffirait cependant à lui marquer sa place entre celle de 1867, qui nous a produit le canon Krupp, hélas ! — et celle de 1878, qui aura montré les gaz, réputés incoercibles, liquéfiés par le procédé de M. Cailletet.

Dans un compartiment de la section américaine à Philadelphie, compartiment réservé aux appareils de transmission télégraphique, le jury remarqua, vers les premiers mois de l'Exposition, une chose quasi-surnaturelle, un petit objet en bois muni d'un fil, ayant la forme d'un bilboquet, et qui transmettait, — à des distances incalculables, disait son inventeur, — le son et la parole humaine.

L'inventeur de cet appareil, appelé *téléphone*, était M. Alex. Graham Bell, Américain, professeur de physique dans une école professionnelle de New York.

Des expériences furent faites aussitôt sous les yeux du jury et on obtint ce résultat merveilleux, que des paroles prononcées à Philadelphie, au centre de l'Exposition, étaient entendues à l'extrémité de la ville. On agrandit le cercle des expériences, et quelques membres du jury se transportèrent dans les environs. Le résultat fut aussi concluant. Enfin, entre New York et la capitale de la Pennsylvanie, on emprunta l'un des fils du télégraphe ordinaire ; on attacha au fil, dévié de sa direction ordinaire, deux téléphones, l'un à Philadelphie, l'autre à New York, et les personnes qui se trouvaient dans la première de ces villes entendirent clairement ce que les personnes restées dans la seconde disaient ou chantaient à l'orifice du téléphone, disposé en forme d'entonnoir ou de porte-voix vulgaire.

Au milieu des nombreux savants venus de l'ancien monde pour assister aux fêtes du nouveau continent, se trouvait un homme que nous ne connaissons que trop peu en France, mais dont la réputation est considérable dans notre monde scientifique et dans toutes les académies spéciales de l'Europe : sir William Thomson, membre de l'Association britannique, et le plus illustre des physiciens que comptent les Trois-Royaumes.

Sir W. Thomson fut frappé particulièrement de ce qu'il voyait et de ce qu'il entendait. Son esprit s'ouvrait à cette manifestation véritablement incroyable de l'ingéniosité scientifique. Il félicita cordialement l'inventeur et revint en Angleterre, apportant le récit des expériences stupéfiantes auxquelles il lui avait été donné d'assister. En septembre 1876, quelques semaines après son voyage d'Amérique, sir W. Thomson vint au sein de l'Association britannique, réunie à Glasgow, et proclama l'invention de M. Graham Bell la *merveille des merveilles* de la télégraphie, l'instrument le plus délicat et le plus invraisemblable à la fois que le cerveau humain eût pu concevoir, celui qui, de tous les engins trouvés par l'homme jusqu'à ce jour, rapprochait le plus l'homme des dieux. C'est qu'en effet si le télégraphe a supprimé la distance en laissant subsister l'écriture, le fait matériel et gênant de confier à une machine des mots qu'une autre machine reproduit sans âme, sans vie, le téléphone a supprimé tout, et la distance, et les faits matériels intermédiaires.

Avec le téléphone, l'homme peut causer, discuter avec son semblable de Paris à Londres, ou de Madrid à Rome. Le Russe et le Portugais peuvent échanger des conversations permanentes entre l'Oural et Lisbonne, sentant leur présence réciproque se manifester à l'extrémité du fil par le timbre de la voix, cette musique propre à chaque individu, ce chant de l'âme qui jusqu'à ce jour n'avait, pour l'homme, de vertu que dans un bien petit rayon.

1.

Quelle merveille véritablement merveilleuse !

Et de quels yeux ébahis liront-ils cette nouvelle, ceux qui prétendent avec une moue sceptique qu'il n'y a rien de nouveau sous le soleil ! *Nil sub sole novi.* Les Latins avaient inventé le dicton, et depuis eux l'esprit humain a fait, ce semble, d'assez jolies trouvailles.

Comme il fallait s'y attendre, l'incrédulité nécessaire accueillit en Europe et en France la déclaration du solennel William Thomson. On pensa bien qu'il y avait là dedans quelque forfanterie de ces Américains, étrangement barnums pour tout ce qui sort de leur pays, et l'on supposa volontiers que le savant anglais avait été induit en erreur par un astucieux petit-fils de Jonathan. En France, certainement, personne n'y crut. L'invention nous venait du pays des médiums ; et, de fait, il y a dans la découverte de M. Graham Bell, touchant les courants d'induction, comme on le verra plus loin, quelque chose de mystérieusement trouvé, d'inattendu, qui rappelle certains phénomènes extra-naturels, chers aux Yankees.

II

Appareils en dérivation. — Puissance de son de l'instrument. — Portée probable. — Encore les expériences. — Inconvénients. — Belle pensée d'un ministre.

Voilà bien clairement établi le fonctionnement de l'appareil. Maintenant, au lieu de considérer deux stations, une station de transmission et une station de réception, nous arrivons à un nouveau résultat si nous considérons trois ou quatre téléphones placés en dérivation. Ainsi nous sommes à Paris ; nous voulons communiquer avec la mairie de Courbevoie, mais aussi avec celle de Suresnes et celle de Puteaux. En plaçant à un point quelconque de la ligne télégraphique de pour faire parler les sourds-muets; car l'école professionnelle dans laquelle enseignaient les deux Bell, était uniquement composée de sourds-muets.

D'où les études constantes du père et celles du fils.

D'où une méthode spéciale aux sourds-muets, imaginée par M. Graham Bell père, un système de phonographie tout à fait ingénieux, et divers travaux de M. Bell fils sur la même matière.

M. Graham Bell quitta son père en 1871, pour aller chercher sinon fortune, du moins une situation nouvelle en Amérique. Il se livra alors tout entier à la science qui était sa chose, son bien, sa passion, à la science téléphonique. Il n'y a pas d'autre mot à employer pour la caractériser, cette science puisque, dans l'intervalle de ses cours, M. Graham Bell ne songeait qu'à ses travaux constants pour arriver à faire entendre la voix au loin, par le concours de l'électricité.

On raconte qu'étant encore en Ecosse,

il s'appliqua à faire parler une jeune sourde-muette, sa pupille, et qu'il y parvint après deux mois d'un enseignement persévérant.

Il songeait déjà alors au téléphone, et comme la nouvelle de cette invention future excitait l'incrédulité, il aurait dit à ceux qui l'entouraient :

« *J'ai fait parler des sourds-muets, vous* « *verrez que je saurai donner la parole au* « *fer.* »

Nous étonnerons peut-être le lecteur en lui disant que la pupille devint la femme du jeune inventeur. M. Graham Bell a quarante ans à peine. Il est grand, brun, et paraît plus jeune que son âge.

Par combien d'instruments rudimentaires, de combinaisons bizarres, infructueuses, a dû passer le téléphone avant d'arriver à l'état presque parfait où nous le trouvons.

Aussitôt que sa découverte a été connue, à Philadelphie d'abord, puis en Angleterre, en France et en Allemagne, M. Bell est revenu dans les Trois-Royau-

mes, où il poussait ses études de perfectionnement.

Il est venu déjà en France une ou deux
fois. Reçu une première fois par M. Léon
Say, ministre des finances, M. Graham
Bell fit des expériences devant plusieurs
hauts personnages de l'État.

Après avoir été présenté à quelques
savants français, M. Graham Bell a traversé de nouveau le détroit pour regagner
son pays natal. Par une coïncidence singulière, deux hommes passaient le détroit en sens inverse le même jour :

Tous deux Anglo-Américains ;

Tous deux illustres ;

L'un allant vers Paris ;

L'autre allant vers Londres après avoir
traversé Paris d'ovations en ovations :

C'étaient MM. Graham Bell et Stanley,
ce dernier revenant de l'Afrique cen-
trale.

Quand les siècles auront passé et que
les téléphones fonctionneront régulière-
ment entre Tombouctou et Ujijii, on
aura sans doute oublié tous ces petits

détails. Pour nous, contemporains , ils nous intéressent.

Il est certain que, pour l'Europe et l'Amérique civilisées, la fin de 1877 et le commencement de 1878 compteront comme deux dates bienheureuses , car pendant qu'un Anglais trouvait le téléphone en Amérique et le perfectiunnait, pendant qu'un Américain parcourait l'Afrique au nom de l'Angleterre et des États-Unis, un Français de France, dans son modeste laboratoire de Châtillon-sur-Seine, M. Louis Cailletet découvrait la compressibilité définitive des six gaz rebelles, et, changeant le classement jusqu'alors adopté des corps épars dans la nature, justifiait les prévisions de cet autre Français, Lavoisier, sur le plan magnifique de l'Unité de la création.

On voit que, s'il y a malheureusement des années terribles, il y a aussi — heureusement — des années fécondes pour l'humanité.

III

Perfectionnements immédiats de M. Bell. — L'instrument à Paris. — Séance de l'Institut. — Séance de la Société des ingénieurs. — Le concert de Gilmore.

L'invention était magnifique. On parlait, et un être humain entendait, à 500 kilomètres, les paroles prononcées.

Au moment où sir Thomson faisait connaître à l'Europe ce procédé nouveau de correspondance instantanée, M. le professeur Bell n'avait pas trouvé encore l'état de perfection dans lequel est aujourd'hui son téléphone théorique et pratique.

A Philadelphie, il se composait de deux instruments, l'un transmetteur, l'autre récepteur. On parlait d'un côté et l'on entendait de l'autre. De sorte que la correspondance *aller et retour* n'existait qu'avec le secours de deux doubles téléphones. C'était moins compliqué que gênant. Il fallait simplifier : M. Bell simplifia.

Aujourd'hui, le téléphone, tel qu'on le définit dans les cours et conférences scientifiques, est composé de deux appareils identiques, c'est-à-dire de deux porte-voix, reliés par un double fil électrique, formant ce qu'on appelle un circuit complet, en termes techniques. Ce perfectionnement immédiat a fait plus pour la découverte sûrement que bien des articles de Revues et des Mémoires à l'Institut.

A la fin de l'année 1877, les téléphones de M. Graham Bell passaient la Manche, au nombre de *deux*, et entraient en France dans une boîte fermée à clef. Ces deux téléphones étaient présentés d'abord à l'Institut et ensuite à la Société des ingénieurs civils.

Quand on sut que l'instrument merveilleux était à Paris, la curiosité fut vi-
vement excitée, et ce fut avec un véritable étonnement et une véritable joie
que les savants de l'Académie des sciences
écoutèrent le rapport de la séance de
fin septembre 1877.

Avant de présenter ce nouveau venu
dans la docte assemblée, M. Bréguet, l'illustre savant qui lui servait de parrain,
avait tenu à expérimenter sa force et sa
valeur devant un petit comité de physiciens, de chimistes, d'électriciens, de
géographes appartenant à l'Institut et au
Collége de France.

Le Bureau des longitudes avait été re-
présenté à ces expériences par MM. Faye
et le commandant Périer. Les résultats
étaient merveilleux. C'était le mot à
l'ordre du jour pour parler du téléphone :
merveilleux ; tout le monde trouvait le
petit appareil merveilleux.

On pense que l'instrument expédié par
M. Bell et prêté à ses collègues parisiens
était le premier qu'il avait construit, lui,

après ses longues études préliminaires ; c'était le premier échantillon de sa conception définitive. Nous avons vu cet appareil. Il était en bois blanc, frêne ou chêne, tout à fait rustique et assez semblable, nous l'avons dit, à un bilboquet.

Avant de paraître devant l'Institut, et afin d'éluder toutes les objections, M. Bréguet prit encore des mesures sages : il expérimenta l'instrument comme s'il devait le vaincre et lui trouver des torts. C'est de ce combat expérimental que vit la science et que le progrès suit.

M. Bréguet introduisit dans le circuit du téléphone, du point de transmission au point de réception, une résistance égale à celle que rencontrerait un courant électrique traversant un fil aérien d'une longueur de 1,000 kilomètres. Les sons, quoique faibles, n'en étaient pas moins très-distincts. A la Société des ingénieurs civils, M. Niaudet expliquait, à cette même époque, le fonctionnement simple, enfantin du merveilleux joujou, que des esprits chagrins qualifiaient déjà trop de *joujou* et qu'on prétendait devoir être relégué dans les muséums comme un objet de curiosité, une machine à expérience pour les lycéens, etc.

Le branle était donné en Franee ; que devait faire pendant ce temps l'Amérique ? On s'en doute.

Les *canards* les plus agiles traversaient l'Atlantique, portés par tous les *Herald* des États-Unis.

Celui-ci racontait qu'étant à Washington, il avait entendu à l'aide du téléphone le concert de Gilmore, qui se donnait à New York dans le même instant.

Celui-là soutenait *mordicus* que de Charleston on entendait le Niagara gronder, en plaçant un téléphone non loin de la Grande Chute.

Tel autre avait entendu causer des gens inconnus qui passaient dans une rue de Philadelphie, et lui se trouvait à Baltimore. Il y avait là dedans bien de l'imagination.

Mais, ainsi qu'on le verra tout à l'heure, comme toutes ces fantaisies de l'esprit américain peuvent devenir des réalités dans un an, dans six mois, demain, le jour, enfin, où l'un des savants qui l'étudient avec acharnement aujourd'hui aurait trouvé le moyen de briser l'enveloppe, l'œuf de la découverte pour la laisser ensuite grandir et s'établir sans conteste dans le monde entier! Comme toutes ces histoires inventées à plaisir peuvent devenir vraies, le jour où, par un procédé d'acoustique ingénieux, un nouveau venu, ou M. Bell lui-même, aura donné au téléphone, avec la vie qu'il a en soi, la puissance qu'il n'a pas encore!

Nous étudierons tout à l'heure quels fantastiques effets on tirera de cette trouvaille. Parlons d'un homme qui a été en France, pour le téléphone, ce que M. Thomson a été pour M. Bell en Angleterre, c'est-à-dire de M. Bréguet, que nous avons laissé transporté de joie, et armé du téléphone en face de l'Académie des sciences.

IV

M. Bréguet devant l'Institut. — L'instrument américain et l'instrument parisien. — Expériences de Saint-Germain et de Mantes-la-Jolie. — Le cabinet de MM. Bréguet père et fils. — La fille de Mme Angot électrisée. — La voix de polichinelle. — Badaux et insatiables.

M. Bréguet commença par donner à l'instrument le patronage de sa science personnelle, aussi variée, on le sait, qu'elle est modeste ; et il expliqua ensuite à l'Assemblée le mécanisme du petit appareil. Ce furent des approbations sans fin.

— Depuis que j'ai ce magique petit appareil entre les mains, disait le savant à ses collègues, JE NE DORS PLUS.

Et ces deux mots authentiques font voir combien le spécialiste français se passionnait pour le spécialiste américain. Il est croyable, plus que croyable, certain, que M. Bréguet appliquera au perfectionnement de la téléphonie tout son savoir et toute son habileté.

Il a été d'ailleurs chargé, — comme le constructeur d'appareils le plus autorisé, — par M. Graham Bell, de faire pour son compte des téléphones selon son goût propre, dans la forme de l'inventeur, ou avec des perfectionnements extérieurs.

L'industrie parisienne, si délicate toujours, n'a pas tardé à faire une jolie chose d'un assez gros bilboquet, et le téléphone que nous a montré un jour M. Bréguet est véritablement un joli petit objet, quand on le compare à l'appareil rustique apporté de Philadelphie et de Londres.

L'une des premières expériences, sinon la première de toutes, fut celle de Paris à Saint-Germain.

On verra plus loin quels résultats particuliers on obtint. Tout ce qui nous intéresse ici, c'est de savoir que le résultat général fut excellent. On entendit compter, jusqu'à cinquante, une personne qui s'était transportée à Saint-Germain et qui s'était placée dans le bureau du directeur du télégraphe de cette ville, ayant à l'oreille un téléphone et même deux. Les assistants, gens de science et de talent, ont déclaré que ce ne fut pas sans une certaine émotion, — le frisson du grandiose — qu'ils entendirent, dans la salle où ils étaient à Paris, leur collègue compter selon les conventions, causer, chanter et rire, à l'heure fixée, dans le bureau de Saint-Germain. En même temps M. Bréguet faisait une expérience aussi concluante entre Mantes-la-Jolie et Paris. On avait emprunté un fil de l'Ouest, qui était pourvu d'un téléphone à la gare de Mantes (57 kilomètres), et deux personnes s'étaient rendues dans cette gare. La conversation s'établit parfaitement avec les expérimentateurs restés à Paris.

A quelque temps de là nous eûmes le plaisir de voir l'atelier de M. Bréguet et le cabinet de travail où se trouvait alors le seul téléphone double qu'on connût en

France. (Depuis on en a fabriqué, mais très-peu.)

M. Bréguet nous fit voir l'appareil, et nous pûmes assister à une expérience concluante. On prévint par une sonnerie les ouvriers qui se trouvaient au troisième étage. Ils prirent tour à tour le téléphone en main et communiquèrent dans le cabinet de travail leurs impressions, des appréciations sur la température ; ils lurent des fragments de journal, comptèrent, et enfin l'un d'eux, qui avait une jolie voix, électrisa positivement, sans jeu de mots, le grand air de la *Fille de madame Angot*. La voix sortit de l'instrument un peu nasillarde, mais fort nette, et avec ses nuances les plus faibles.

C'était stupéfiant.

Beaucoup de hauts personnages, de magistrats, de littérateurs, de généraux, furent reçus par M. Bréguet et l'écoutèrent avec attention, curieux surtout de *voir* le téléphone. C'est que l'incrédulité de saint Thomas a laissé de profondes racines dans le cœur des chrétiens.

Après avoir vu par eux-mêmes, après avoir parlé, chanté eux-mêmes, bien entendu qu'ils s'en allaient satisfaits, et émerveillés !

A côté de ces amis du progrès, intéressés à la science par goût, il y avait bien entendu les êtres benoîts que toute nouveauté attire quand même et qui gênent avec honnêteté, sans malice, pour voir ce qui les intéressera. Ce que l'Institut a reçu de lettres à ce sujet est inimaginable. Le malheureux M. Bréguet était débordé.

Lui, le prophète, lui le protagoniste de M. Graham Bell ! Vous pensez si les qualifications élogieuses pleuvaient chez lui. On lui demandait des audiences comme à un ministre. Et il faut bien dire que l'excellent homme a su ne pas faire de mécontents aux premiers jours de cette fièvre de curiosité où tout le monde voulait dans Paris voir un objet unique qui était gros comme le poing.

De ce désir ardent d'apprendre les secrets de la découverte nouvelle sortirent les conférences, dont l'utilité se démontre ainsi de temps en temps par un coup net. On ne comptait plus les articles de journaux. Les conférences, à Paris, dans les départements, partout, commencèrent en janvier 1878.

V

Les journaux, les revues, les gravures. — Conférences de
M. Jacquemart. — Conférences à la salle des Capucines
et au troisième Théâtre-Français. — Le téléphone en
public. — Inconvénients de l'appareil pour la démonstration.

A notre époque, où la presse militante est si bien outillée pour suivre et aider la presse scientifique, la révolution de M. Bell fut foudroyante. Dix millions d'exemplaires de journaux parurent en huit jours sur tout le territoire français, qui proclamèrent la découverte et la commentèrent.

Tous se firent à l'envi les panégyristes de l'appareil et de son inventeur.

Les revues furent pendant quelques semaines toutes au téléphone.

Il faut reconnaître que ce fut le journal *la Nature*, qui le premier, en mars 1877, donna une description exacte de l'appareil, dont on n'avait jusqu'alors entendu parler en France que par les *News' Papers* américains et anglais.

Les publications illustrées furent, on le pense bien, empressées à donner des dessins de l'appareil. Les journaux amusants en firent des caricatures, les faiseurs de nouvelles des mots de la fin pour les petits journaux ; celui-ci, chansonnier, fit une chanson ; celui-là, vaudevilliste, un vaudeville ; cet autre, romancier, étant embarrassé, au chapitre XXXIII d'un roman à sensation, de ses héros qui se trouvaient trop éloignés les uns des autres pour dénouer la situation particulière et désastreuse, sans doute, dans laquelle ils se trouvaient, introduisit le téléphone dans le feuilleton **XXXIV**, et la jeune fille fut sauvée.

Voilà une belle action à mettre à l'actif de M. Graham Bell !

Le premier conférencier parisien qui

s'occupa de vulgariser la question fut
M. Jacquemart.

Nous avons assisté à la très-intéres-
sante soirée de la salle des Capucines,
où le démonstrateur parla devant un
auditoire d'élite. L'expérience fut faite
entre la salle des conférences et le café
voisin. On entendit parfaitement, grâce
à un silence religieux observé par l'as-
sistance ; mais chaque fois qu'un mouvement se produisait dans ces groupes de
trois cents personnes, la perception des
mots prononcés au dehors devenait moins
sensible dans la salle.

Le pis est, on le verra plus loin, que le
téléphone ne parle pas au delà de l'oreille,
et que, pour entendre, il faut approcher
l'instrument du tympan.

Or, dans une salle de conférences, tout
le monde veut expérimenter ; on se presse,
on regarde si le monsieur qui est devant
vous a bientôt fini ; on lui lance un coup
d'œil torve s'il est trop long ou s'il cède
l'objet à un autre. Mais, en résumé, on ne
s'entend pas beaucoup, c'est le cas de

le dire, ou jamais, pour le téléphone.

M. Jacquemart fit une deuxième expérience au troisième Théâtre-Français, en janvier encore. Il y eut foule; mais foule plus populaire, moins instruite, plus ardente, par conséquent, et aussi plus bruyante.

Ce qui fit qu'on n'entendit rien ou presque rien, et que la conférence, fort bien faite, finit sans exemples concluants.

C'est là le gros inconvénient du petit instrument américain.

S'il avait le don de parler lui-même, c'est-à-dire de répéter clairement les sons qu'on lui inculque, il ne se fût pas trouvé dans Paris assez de salles de théâtres pour les conférenciers. Mais il ne parle pas ; ou, du moins, il parle très-bas, et, pour l'expérimenter commodément, nous conseillerons d'aller dans un cours de physique de la ville, où les élèves sont habitués au silence, ou chez des ingénieurs, des scientifiques de connaissance. Presque tous ceux qui étudient aujourd'hui ont un instrument entre les mains.

Dans tous les lycées, il est expliqué ou le sera prochainement aux élèves, sans aucun doute.

Les Allemands ont déjà pris les devants, assurent certaines feuilles d'outre-Rhin, et toutes les écoles seraient paraît-il, bientôt pourvus d'un téléphone, que les écoliers apprendraient ainsi à pratiquer.

Sans voir où peut mener directement cette étude, il est clair qu'elle donne à l'enfant la connaissance suffisante pour établir l'appareil, dérouler le fil et communiquer avec quelqu'un. Et à coup sûr, en temps de guerre comme en temps de paix, le paysan devrait savoir son téléphone sur le bout du doigt.

La vulgarisation immense aurait pour but, d'ailleurs, de multiplier les chances de perfectionnement, en multipliant les initiés.

VI

Expériences et conférences dans les départements. — Rouen et Dieppe, Sangate et Douvres. — Le téléphone d'Edison. — Expérience de Jersey. — Le câble transatlantique. — Doutes à ce sujet. — Infernale logique.

Bientôt l'entrain devient général. Dans les départements on organise des conférences, qui réussissent mieux qu'à Paris, parce que le public est moins nombreux et plus patient. Les professeurs se multiplient. Les ingénieurs de toutes les compagnies de chemins de fer empruntent un fil pendant quelques heures et font devant les autorités des expériences qui toutes sont sur de courtes distances, 40, 50, 100 kilomètres, et toutes concluantes.

Différents journaux ont raconté que les invités de la préfecture de Cherbourg ont, tout à coup, au milieu de la soirée, entendu un concert de clairons, donné par des musiciens de la ligne qui se trouvaient à l'extrémité de la digue. Un téléphone placé dans le salon transmettait les sons qui, par moments, devenaient éclatants.

L'appareil ayant été déjà essayé avec succès entre la France et l'Angleterre, le 5 janvier 1878, de nouvelles expériences ont été faites entre Margaret's Bay et Sangate.

La municipalité de Douvres s'était transportée à la petite station télégraphique située près du rivage.

L'ingénieur de la *Submarine Telegraph Company* fit appel à la côte française par le fil électrique, et sur sa demande des téléphones furent attachés à l'extrémité du câble.

La fin de la conversation fut égayée par un échange d'airs populaires.

A Rouen, des ingénieurs et des physiciens correspondent très-aisément avec Dieppe. Les expérimentateurs de Rouen ont en outre employé ou doivent employer le téléphone nouveau modèle — essai nouveau de perfectionnement — de M. Edison, l'inventeur de la plume électrique. Mais le téléphone d'Edison est un enregistreur de vibrations, une conception déjà fantastique, et proche du but cependant. Nous aurons l'occasion de présenter à la fin de ces notes les projets les plus insensés, c'est le cas de le dire ; et cependant qui peut dire si le plus insensé ne sera pas le premier vaincu par la science, aveugle et patiente ?

M. Edison, prenant une feuille de carton repliée de façon à présenter à sa partie supérieure une arête, la fait passer devant une membrane armée d'un style ; il se détermine ainsi une série de gaufrages.

Si maintenant on vient à faire repasser ce papier gaufré sur une seconde membrane vibrante identique et portant également un style, il y aura reproduction de vibrations identiques à celles qui ont donné naissance au gaufrage.

On aura des vibrations enregistrées. Quel résultat pratique cela donnerait-il? Attendons, pour le dire, que l'inventeur ait terminé ses recherches et atteint le but qu'il poursuit. Nous le retrouverons tout à l'heure.

Les expériences de Douvres à Sangate avaient été précédées d'expériences entre un point de la côte anglaise et l'île de Jersey. Le résultat a été bon, mais on a remarqué un grand affaiblissement de la voix par suite de mille et une causes locales. Le téléphone sous-marin paraît difficile à établir, quant à présent. On vaincra sans doute les obstacles qui s'opposent au développement d'un câble entre l'Angleterre et l'Amérique par exemple, câble réservé à la téléphonie des gouvernements ou des préfectures de police. Ce qu'il y a de certain, c'est que M. Graham Bell ne peut essayer encore sur le câble transatlantique l'effet de son appareil.

Comme ces mots caractérisent bien dans leur simplicité notre soif de l'inconnu, du nouveau, du merveilleux !

Nous avons entre l'ancien continent et le nouveau des milliers de lieues ; un océan immense nous sépare, et des tempêtes effroyables bouleversent éternellement cet amas d'eau que longtemps l'homme n'a osé mesurer. Eh bien ! nous avons, depuis vingt ans, un câble énorme, fait de solides enveloppes et immergé à une profondeur inouïe après des labeurs gigantesques. Grâce à ce câble, au fil qu'il contient, un homme s'assoit au bureau de New York, en face de l'Atlantique, presse un petit bouton, joue du petit levier de Morse, et aussitôt un interlocuteur qui est assis à Valentia, en Angleterre, au delà des milliers de milles marins, lui répond. Ils causent avec leur petit papier bleu, l'un lisant, l'autre transmettant, puis, intervertissant les rôles, se souhaitant le bonjour, demandant si le temps est beau, le ciel nuageux, la politique calme, les courses au

gré des parieurs du télégraphe. C'est phé-
noménal, c'est fantastique ! c'est, nous
le disons avec prudhommie s'il le faut,
c'est quelque chose des dieux. Vous
croyez que cela nous suffit ? Non, il nous
faut encore pouvoir appeler de Brest à
Plymouth ou à Londres même, de Liver-
pool à Boston ou à Chicago, notre correspondant spécial, et lui dire verbalement,
au travers de l'Océan déchaîné :

— Achetez l'Italien. Vendez les Consolidés. Ramassez le Cinq français et liqui-
dez vos Lombards.

Franchement, c'est d'une logique infernale.

DEUXIÈME PARTIE

L'APPAREIL ET SES APPLICATIONS

I

L'appareil. — Description technique. — Description vulgaire.

Voilà la découverte qui court le monde.

Passons maintenant à une description technique de l'appareil. Supposez un porte-voix ordinaire, un de ces cônes renversés qu'on applique aux tuyaux verts des appartements, qu'on munit d'un sifflet et qui, jusqu'à ce jour, ont constitué tous les moyens de communication de la voix humaine. Ce petit cône renversé, cet entonnoir est revêtu à l'extérieur, et pour lui donner une forme plus commode, de quatre carres de bois, plus ou moins artistiquement taillées. Celles de M. Graham Bell étaient faites *grosso modo*. Nous en avons vu chez M. Bréguet de fort élégantes. Le bois était plus fin, c'est déjà un petit perfectionnement.

Sur cet appareil creux. que nous appellerons l'embouchure, bien qu'il soit tout l'instrument à lui seul, est placée une membrane de fer toute mince. Derrière cette membrane, en dessous pour mieux dire, se trouve une petite tige d'acier aimantée. Elle est à une courte distance de la membrane, et perpendiculaire à celle-ci. Cette tige d'acier supporte une petite bobinette de fil de cuivre. L'embouchure dans laquelle on parle est reliée à l'embouchure qu'on met à l'oreille par deux fils métalliques, ou, pour simplifier, par un fil isolé dont les deux points extrêmes communiquent avec le sol pour former le circuit complet, nécessaire à toute communication télégraphique.

Voilà tout l'instrument. Votre fil a dix lieues, vingt lieues, trente lieues de long. Vous l'allongez selon la distance, mais votre embouchure reste la même aux deux points de correspondance. Beaucoup de gens croient qu'il y a une pile, des ingrédients chimiques employés dans des vases, etc. Rien de tout cela : le petit cornet, la plaque métallique, la tige, la bobinette et le fil. Ce n'est pas compliqué et il y a bien en tout dans cet appareil merveilleux pour quatre francs de marchandise.

On peut facilement comprendre le mécanisme de l'instrument.

Tout le monde sait que le *son* est produit par des vibrations plus ou moins rapides des corps sonores. Ainsi, lorsque les vibrations sont peu nombreuses, le son est grave. Il est aigu lorsqu'elles sont très-nombreuses, intense aussi lorsqu'elles sont très-amples. D'un autre côté, si vous parlez sur une petite plaque très-mince, et qu'au-dessous de cette plaque il y ait une cavité, la plaque vibrera à l'unisson de la

voix. Ceci établi, que fait la membrane
du téléphone, la petite plaque ou membrane de fer, qui a l'air d'une aile de de-
moiselle des rivières, tant sa ténuité est
grande ? Elle reçoit les vibrations simples
ou multiples de la voix de l'homme, vibre
à l'unisson, et comme son mouvement de
vibration la rapproche et l'éloigne successivement de la tige de fer, il se produit
dans la bobine deux courants, dans deux
sens déterminés et contraires. L'énergie de
chaque courant dépend de l'amplitude du
mouvement de la membrane. Or la série
des phénomènes qui se produit dans l'appareil transmetteur se reproduit exactement dans l'appareil récepteur, mais en
sens inverse, naturellement. Tous les effets
deviennent causes et toutes les causes
deviennent effets. Les courants produits
dans la première bobine par le son de
la voix qui parle dans l'embouchure, et
transmis par le fil conducteur à la deuxième
bobine, augmentent ou diminuent la vertu
magnétique de la deuxième tige d'acier, et
en vertu de ces variations subordonnées

au nombre ainsi qu'à l'amplitude des sons, la deuxième membrane subit un mouvement vibratoire analogue en nombre et en amplitude au mouvement générateur. La voix produit les sons, qui produisent les vibrations qui se transmettent par le fil à l'appareil correspondant, lesquelles vibrations reproduisent à l'oreille de l'auditeur les paroles et le timbre de la voix humaine, puisque ces vibrations forment l'analyse, le détail de la voix.

De même que l'appareil Morse reproduit les *tic-tac* d'un levier très-léger, qui marque des signes conventionnels, de même l'appareil Graham Bell reproduit les *tic-tac*, insensibles à l'œil nu et au galvanomètre, de cette membrane diabolique. Car les galvanomètres — dont la fonction consiste, comme on sait, à déterminer la nature et l'énergie des courants, — restent tout à fait insensibles au mouvement électrique produit dans le téléphone. Les mouvements réciproques entre un aimant entouré d'un fil métallique et un morceau de fer provoquent la production de ce qu'on appelle, faute de mieux, les *courants d'induction*. C'est là, c'est dans cette succession effrayante de courants négatifs et positifs que réside le merveilleux de la découverte, le côté heureux dans tous les sens du mot des travaux patients de M. Graham Bell. En somme, on le voit, la description technique n'est guère compliquée. Avec les éléments les plus simples des connaissances usuelles sur l'électricité, on la comprend. La description vulgaire pourrait s'énoncer ainsi. Ce sont deux cônes de bois dans lesquels on parle et qu'un fil électrique aussi long qu'on voudra met perpétuellement en communication.

Ce n'est guère savant ni même raisonnable, mais on comprend la forme matérielle de l'appareil, et on s'étonne déjà en pensant que ces deux morceaux de bois et ce fil constituent une admirable invention.

II

M. Alex. Graham Bell. — Sa vie; ses travaux. — Comment il est arrivé à sa découverte.

Qu'était-ce que ce M. Graham Bell ? cet Américain ?

Un Anglais, pour commencer ; puis un savant, fils d'un grand savant écossais.

Voilà bien des nationalités en jeu pour la statue à venir.

La vérité est que M. Alexander Graham Bell est le fils de M. le professeur Bell, d'Édimbourg. Il est donc Écossais, comme son père. Après avoir étudié dans sa patrie, et y avoir professé lui-même, aux côtés de son père, M. Graham Bell s'ingénia à trouver de nouvelles méthodes

Paris à Courbevoie, deux fils aboutissant à deux autres téléphones, lesquels seront placés l'un dans la mairie de Suresnes, et l'autre dans la mairie de Puteaux, il se produira ce phénomène encore heureux que notre voix, nos paroles, seront distinctement et simultanément entendues dans les trois mairies suburbaines. De sorte que, si nous avons les mêmes instructions à donner sur ces trois points de la banlieue, nous n'avons qu'à les formuler une seule fois, et, comme on dit, le tour est joué.

« On peut disposer les choses encore d'une autre manière, dit M. Niaudet dans sa communication aux ingénieurs civils, on peut mettre plusieurs téléphones dans un même circuit, c'est-à-dire que le courant passe successivement dans les différents appareils ; il n'est pas douteux qu'on ne puisse en mettre un assez grand nombre en circuit ; mais il faut croire que le nombre serait limité. »

Quoi qu'il en soit du nombre maximum possible, M. Niaudet a fait l'expérience avec trois appareils ; l'un étant dans la cave, l'autre au rez-de-chaussée, le dernier au premier étage. Chacun des trois interlocuteurs entendait ce que disaient les deux autres, et la conversation a été possible, bien que réduite à des échanges de communication fort simples.

Un physicien anglais a essayé, lui, six téléphones en dérivation, et naturellement, chaque téléphone ajouté sur le fil rapetissait l'effet, diminuait le son et le rendait à la fin insensible.

Par suite de son extrême sensibilité, le téléphone fait généralement un effet médiocre sur les gens qui l'expérimentent pour la première fois.

Nous n'avons pu nous en défendre, comme tant d'autres, lorsque pour la première fois M. Bréguet fils nous mit à l'oreille le cornet de bois qui devait nous apporter les airs de musique que l'on sait. Le son est faible, d'abord, et ensuite la plaque de fer, la membrane est toute disposée à accueillir les bruits ambiants qui viennent la frapper.

Si, pendant que la voix humaine la fait vibrer, un orgue de barbarie joue tout près la *Dame blanche*, il est incontestable que la personne dont l'oreille sera collée au téléphone récepteur entendra et la voix de son correspondant et la ballade de Boïeldieu, écorchée par l'orgue si justement baptisé par nos pères. Car le son de la voix du correspondant et le son qui sort des chalumeaux mécaniques forment tous deux des ondes sonores, produisent des effets semblables, plus ou moins énergiques, mais semblables, et, par conséquent, arrivent ensemble sur la plaque, la font vibrer de telle façon que toutes les ondes s'enchevêtrent et ne se traduisent au bout du fil que par un aussi complet enchevêtrement.

Aussi doit-on, pour faire l'expérience du téléphone, s'enfermer autant que possible à deux ou trois, quatre au plus.

Autrement, on cause, on remue, on émet des avis et on ne s'entend pas.

Comme l'inconvénient capital de l'appareil Graham Bell subsiste toujours et

empêche la téléphonie d'entrer sérieusement dans la pratique, il faut prendre des
précautions pour éviter le plus possible
cet inconvénient, lequel est l'impossibilité
d'appeler, de se faire entendre d'une personne distraite ou occupée à autre chose.

Ainsi vous êtes tranquillement assis
dans votre bureau, au ministère de l'Intérieur par exemple, où vous êtes chef de
division avec de gros appointements (supposez toujours, pour quelques instants,
que vous avez de gros appointements et
que vous êtes chef de division ; ce n'est
pas plus vilain qu'autre chose). Le ministre vous demande personnellement. Il
veut vous voir, — vous augmenter peut-
être, — je l'espère même pour vous, pendant que nous supposons ferme. Eh bien !
le ministre est dans son cabinet de travail,
à cinq cents mètres du vôtre, à trois éta-
ges au-dessous, séparé par vingt corridors
et trente antichambres. Le cabinet du ministre est pourvu d'un téléphone. Le ministre prend son téléphone, le porte à ses
lèvres et vous dit ces paroles à demi-voix :

— Monsieur un tel, venez à l'instant ; j'ai besoin de vous parler.

Votre téléphone, à vous, pend mélancoliquement au mur. Il a reçu, il a bien reçu les paroles ministérielles, mais il les garde et ne vous les transmet pas.

Pour qu'il vous les transmît, il eût fallu que vous l'eussiez, lui, à l'oreille ; car les ondes sonores ne sortent plus de son cône récepteur ; elles sont trop faibles pour cette nouvelle promenade au grand air. Or, pour que vous ayez le téléphone à l'oreille, il faut qu'on vous prévienne. Il eût fallu que le ministre vous avertît de porter l'instrument à votre tympan. Et voilà le *hic*. Impossible. jusqu'à présent du moins, de formuler cet avertissement. On aurait beau crier : Oh ! ah ! hé ! que les exclamations traverseraient les 500 mètres lestement, mais expireraient dans le cône récepteur. Voilà ce qu'il faut trouver, c'est l'appareil acoustique qui permettra de placer le cône récepteur au centre d'un appartement comme une large bouche de chaleur, et d'entendre derrière son dos une voix qui viendra de 500 kilomètres ou de 500 mètres indifféremment.

Et alors, le ministre pourra vous appeler et vous dire :

— Monsieur !

— Plaît-il, Excellence? répondrez-vous par votre petit cornet.

— A partir du 1ᵉʳ janvier, vous aurez deux mille de plus par an.

C'est la grâce que je vous souhaite, et aussi au téléphone élémentaire dont on ne peut guère se servir qu'en le compliquant d'une sonnerie d'avertissement, moyen peu commode, comme on le verra plus tard.

III

Transmission du timbre. — Vitesse du son. — Perfectionnements de M. Pollard, de M. Trouvé, de M. Edison.
— Rabelais; M. du Moncel; le docteur Goltz.

Pour être bien sûr d'entendre ce qu'on
dit et de faire bien comprendre ce qu'on
va dire, il est plus simple d'employer deux
téléphones par personne, c'est-à-dire de
constituer toute ligne téléphonique de
correspondance entre deux villes, deux
administrations, deux usines, d'un double
appareil. Le premier cornet sert à parler,
le second est en même temps porté à l'o-
reille, et sert à entendre les interruptions,
les interjections du correspondant.

Quand on cause dans la rue, le bruit

des voitures, du vent, selon le temps, fait souvent qu'on ne s'entend pas.

— Quoi?

— Qu'est-ce que vous dites ?

— Comprends pas !

Ce sont des exclamations forcées ; chacun parlant en même temps pour se hâter.

Si cet inconvénient existe dans la rue, on pense bien qu'il est plus grave encore à distance, et que le premier devoir de la personne qui correspond avec le téléphone est de parler nettement, posément, à son tour, sans brouillamini, comme cela arrive souvent dans nos tuyaux acoustiques où nous avons vu un jour deux garçons de bureau se crier simultanément des injures à distance, sans jamais s'entendre.

Il est donc nécessaire de parler avec précision, et au besoin de compter des nombres déterminés avant de parler. Ainsi, nous ferons cette recommandation aux personnes qui se serviraient prochainement du téléphone imparfait que nous connaissons :

Presser la sonnette d'avertissement qui donne l'éveil à l'interlocuteur lointain.

Porter le cornet à vos lèvres assez lentement et compter toujours jusqu'à dix, en scandant, 1, 2, 3, 4, 5, 6, 7, 8, 9, 10, avant de commencer la conversation. Pendant que vous comptez dix, votre interlocuteur a porté son cornet à son oreille, il écoute votre arithmétique conventionnelle, et à dix, il est prêt, il a le tympan fait au son étrangement nasillard de l'appareil. Vous parlez alors, vous parlez pendant une demi-heure si vous voulez : il vous comprend sans difficulté.

L'une des propriétés les plus curieuses du téléphone de Bell est assurément la transmission du timbre. Non-seulement vous entendez parler votre interlocuteur, mais vous savez reconnaître si c'est un homme ou une femme, un parent ou un ami, et, qui plus est, vous reconnaissez entre mille voix inconnues celle d'une personne quelconque, dont vous connaissez l'organe. Ce détail est encore vraiment fantastique.

Les Amériéains, dans le récit de leurs expériences premières, qu'on avait accueillies en France avec tant d'incrédulité, déclarèrent hautement qu'à 30 kilomètres de distance une jeune miss avait chanté dans le téléphone *The last Rose of summer*, la romance si célèbre de l'autre côté de l'Océan, et que les auditeurs avaient parfaitement reconnu que cette jeune miss était la fille d'un de leurs amis, le professeur Y. W. — La voix des femmes, dont le timbre est toujours plus musical, se reconnaît dans les expériences téléphoniques avec une facilité incroyable, et l'on peut ajouter hardiment que l'âge même d'une jeune fille ou d'une femme âgée se reconnaît dans le téléphone. Et sir W. Thomson, l'apôtre de M. Bell à Londres et dans les deux îles, déclarait récemment à Glasgow, dans un meeting qu'il présidait, qu'avec le téléphone on peut entendre et reconnaître à 100, 200, 300, 400 kilomètres la voix qui prononce les mots, entre les centaines de millions d'êtres humains, qui peuplent notre planète.

Et là, dit encore M. l'ingénieur Niaudet, l'invention devient vraiment étonnante :

« Un son simple ne peut avoir que deux qualités : la hauteur et l'intensité. Le son peut être grave ou aigu, et cela entre des limites très-étendues, qui correspondent de 32 vibrations à 16,000 vibrations environ par seconde : voilà la hauteur du son.

« Un son d'une hauteur donnée peut être faible ou fort : voilà l'intensité.

« Mais il n'y a pas dans la nature de son absolument simple ; si une corde vibre, si un tuyau résonne, si une voix humaine chante ou parle, elle rendra un son que vous reconnaîtrez aussitôt, et que vous appellerez par son nom si vous avez l'oreille exercée ; vous direz : voilà le *la* normal, ou voilà son octave, ou voilà l'*ut*, ou tel autre. Vous avez en effet l'impression d'un son fondamental, et c'est de celui-là que vous indiquez le nom ; mais ce son principal est accompagné de plusieurs autres. Chaque fois qu'un instrument se fait entendre, ce n'est pas un son comme le croit le vulgaire que vous percevez, c'est un concert.

« La composition de cet accompagnement du son principal est différente pour le violon, pour le hautbois, pour la voix humaine qui chante *a* et pour celle qui chante *o* ou quelque autre voyelle.

« Cette variété est ce qu'on appelle le timbre.

« N'est-il pas bien extraordinaire qu'une membrane, et notamment une membrane de fer, vibre à l'unisson à la fois de plusieurs sons coexistants, en laissant à chacun son intensité relative et son importance dans le concert en question ?

« Cela est si étonnant qu'on serait fondé à n'y pas croire si on n'en avait la preuve irrécusable dans l'expérience du téléphone. Car c'est là une particularité singulièrement frappante de l'invention de M. Bell, qu'elle tranche certaines questions d'acoustique qui n'étaient pas fort claires. »

Pour remédier à l'affaiblissement du son dont nous parlions tout à l'heure, on a déjà signalé quelque moyen : une communication de M. Bréguet à l'Institut nous a appris que M. Pollard, officier de marine, arriverait à renforcer le courant produit en appuyant simplement d'une certaine façon sur la plaque vibrante, avec un simple crayon de mine de plomb, et qu'une innovation est étudiée en Angleterre dont les résultats seraient assez importants. Il s'agirait d'employer le secours d'une pile, qui, combinée avec le téléphone, jouerait le vrai rôle d'un relais électrique, et permettrait d'augmenter l'intensité des sons transmis. Cette adjonction, dont on ne saurait se dissimuler l'importance, n'a d'ailleurs pas pu, jusqu'à présent, être réalisée d'une manière satisfaisante.

M. Sallet, afin d'augmenter l'amplitude des vibrations et par conséquent l'intensité des sons émis, au lieu d'employer un seul contact, se sert de plusieurs contacts et remplace le crayon de plombagine imaginé par M. Pollard, pour augmenter la force du courant, par un crayon de charbon de cornue relié à un circuit électrique, traversé par le courant de deux à trois éléments Bunsen.

Enfin, paraît-il, M. Trouvé — un nom heureux pour un inventeur — vient d'améliorer le nouvel appareil télégraphique, en augmentant de une à trois les membranes qui doivent recevoir les vibrations provoquées par la voix humaine. M. Trouvé a informé l'Académie que, de cette façon, il a pu tripler l'énergie et la puissance des courants induits et, par conséquent, porter la voix humaine à des distances des plus considérables, on pourrait même dire à des distances illimitées.

Tous ces efforts tendent à l'amélioration de l'appareil. Il faut croire qu'on le rendra bientôt parfait. Pour M. Edison, dont nous avons déjà esquissé la personnalité, il l'a perfectionné avec une originalité puissante. Voici l'article que publiait récemment le *Nouvelliste de Rouen :*

« M. Gouault a fait, avant-hier mardi, à

Dieppe, à la salle des Bains, devant un public nombreux et sympathique, une conférence sur le téléphone.

« Nous devrions dire : *sur les téléphones*, car le merveilleux petit instrument de Graham Bell n'est pas seul à transmettre la voix humaine. M. Edison, de New York, vient de construire et d'expérimenter un nouveau téléphone fondé sur des principes dont la découverte lui est due tout entière.

« En premier lieu, le téléphone d'Edison emprunte le concours de la pile électrique. C'est dire que les effets vocaux peuvent être renforcés d'une manière notable, et que le son transmis peut être beaucoup plus intense que le son reçu par le manipulateur.

« Par suite, on peut espérer que la sonnerie nécessaire actuellement, comme avertisseur, pour compléter l'usage du téléphone Bell, sera remplacée prochainement par le jeu de l'appareil lui-même. C'est dire aussi qu'il n'y a plus de limite à la distance à laquelle la voix peut être conduite, puisqu'on a le choix soit d'augmenter la force de la pile au poste de départ, soit de multiplier le nombre des relais intermédiaires placés sur le parcours du fil de ligne.

« Ajoutons encore que les courants transmis, étant ceux d'une pile, sont de même ordre, de même grandeur que ceux dont on se sert en télégraphie ordinaire, et par suite les courants d'induction qui sont produits par les fils voisins n'apportent plus au fonctionnement du transmetteur les mêmes troubles que lorsqu'il s'agit du téléphone de Bell.

« L'appareil est d'ailleurs d'une sensibilité plus grande encore que celui de Graham Bell.

« MM. Gouault et Dutertre ont construit grossièrement, sur les indications données par les journaux américains, un téléphone du système d'Edison.

« M. le directeur général des télégraphes et M. l'inspecteur départemental avaient gracieusement mis à la disposition des expérimentateurs le fil de la ligne de l'État entre Rouen et Dieppe. On a pu, en se servant seulement du téléphone de Bell, transmettre quelques phrases de conversation. Un air de clairon, joué dans le bureau télégraphique de Dieppe, a été très-distinctement entendu par les auditeurs placés au bureau central de notre ville, soit à une distance de plus de 63 kilomètres.

« Il y a cependant loin de ce résultat à celui que donne le téléphone d'Edison. L'inventeur l'a expérimenté à la distance fabuleuse de 1,200 kilomètres. »

Un appareil Edison a été remis récemment entre les mains de M. Bontemps, aux télégraphes de la rue de Grenelle.

Écoutons M. Henri de Parville, qui analysait récemment cet appareil dans le *Journal des Débats :*

« Un inventeur d'imagination, M. Cros, avait déjà montré que le problème n'échappait pas à nos moyens d'action. Enfin, nous l'avons dit, M. Edison a combiné de toutes pièces une première machine qui donne des résultats surprenants. Indiquons le principe sur lequel reposent ces machines parlantes qui vont laisser bien loin derrière elles la fameuse machine parlante de Faber, déjà si remarquable, et qu'on a pu voir l'année dernière au Grand-Hôtel. Le progrès va vite.

« Vous parlez à côté d'un appareil enregistreur composé d'une membrane vibrante, munie d'un stylet appuyant sur un rouleau mû par un mouvement d'horlogerie. La voix fait vibrer la membrane ; les vibrations de celle-ci agissent sur le stylet, et le stylet trace, sur le papier qui se déroule entraîné par le ressort d'horlogerie, des lignes plus ou moins tourmentées dont le dessin correspond aux mots prononcés, aux inflexions, au timbre de la voix.

« Ces lignes ondulées représentent la parole ; c'est une sténographie d'un nouveau genre.

« La voix s'inscrit comme la musique, à l'aide de caractères et de symboles particuliers

« Ce graphique traduit à l'œil les vibrations sonores avec tous leurs détails : hauteur, timbre, etc.

« En l'étudiant, un lecteur expérimenté pourrait reconstituer en pensée les sons émis, les inflexions, le timbre de celui qui a parlé, comme le musicien, en déchiffrant un morceau du regard, recompose toute la musique qu'il a sous les yeux. »

L'appareil dont M. du Moncel revendiquait la priorité, ainsi qu'on le verra plus loin, est ainsi décrit par l'honorable savant, dans son *Exposé des applications de l'électricité*, publié en 1834.

L'auteur décrit un système imaginé par M. Ch. B..., dans lequel le téléphone est esquissé assez complétement. M. Ch. B... dit à la fin de sa description : « Quoi qu'il arrive, il est certain que, dans un avenir plus ou moins éloigné, la parole sera transmise par l'électricité. J'ai commencé des expériences à cet égard ; elles sont délicates et exigent du temps et de la patience ; mais les approximations obtenues font entrevoir un résultat favorable..... A moins d'être sourd et muet, qui que ce soit pourra se servir de ce mode de transmission qui n'exigerait aucun appareil : une pile électrique, deux plaques vibrantes et un fil métallique suffiraient. »

Rabelais avait aussi inventé un téléphone enregistreur : lisez dans *Pantagruel* le chapitre ɪᴠ du livre **IV**.

« Comment, en haute mer, Pantagruel ouït diverses paroles dégelées. — Ici, dit le pilote, est le confin de la mer Glaciale, sur laquelle fut, au commencement de l'hiver dernier, grosse et félonne bataille entre les Arimaspiens et les Nephelebates. Lors gelèrent en l'air les paroles et les cris... A cette heure, la rigueur de l'hiver passée, elles fondent et sont ouïes... — Lors nous jeta sur le tillac pleines mains de paroles gelées et semblaient dragées perlées de diverses couleurs. »

A Strasbourg, M. le docteur Goltz a appliqué le téléphone à l'étude de la parole. Il a mis en rapport les fils d'un téléphone avec les aiguilles que l'on place sur les cuisses d'une grenouille. Le courant électrique produit par la voix retentit sur les muscles de la grenouille. Les contractions sont fort vives quand on prononce les voyelles *a, o, u;* elles sont moins vives pour les voyelles *e, i.* Et les courants qui agissent sur la grenouille pour produire des contractions énergiques ne font sur la langue de l'homme aucune impression. (*Pfluger's Archiv für d. g. Physiologie,* 27 décembre.)

« On voit, continue le chroniqueur des *Débats,* que nous sommes en plein domaine réel. La conversation enregistrée aujourd'hui pourra toujours être littéralement reproduite à un moment quelconque. C'est le présent surpris sur le vif et transmis à la postérité. On pourra donc recueillir les plus beaux discours, les plus remarquables leçons, et entendre l'orateur ou le conférencier s'exprimer encore avec sa verve, son entrain ou sa passion, alors que depuis longtemps orateur illustre et professeur éminent reposeront dans le silence du tombeau.

« Il sera tout aussi facile de distinguer de la même manière jusqu'aux battements du cœur, et de les reproduire. Quelles conséquences dans leur effrayante réalité !

« La science est bien près de donner un corps aux fictions d'un autre âge. Il sera possible de conserver jusqu'à la voix d'une personne qui nous est chère, de sentir battre son pouls bien au delà de la vie, de l'évoquer, de la faire parler, de la faire revivre.

« Le vieux portrait est là, immobile, dans son cadre vermoulu. Les yeux s'animent, les lèvres s'entr'ouvrent, la voix résonne comme autrefois ; l'ancêtre raconte encore des histoires à ses petits-enfants ; qui disait donc qu'il n'était plus ?

« Et la parole puissante des hommes célèbres retentira sans cesse à nos côtés ; elle résistera désormais, comme l'airain, à la durée des siècles... Quelle affirmation admirable de l'éternité de la pensée ! »

IV

Au reste, **M. A. Vernier** a publié dans le *Temps*, tout récemment, l'article le plus complet qui ait paru sur le grand perfectionnement de M. Edison. Nous croyons devoir en citer la plus grande partie : il est de la plus vivante actualité.

LE TÉLÉPHONE ET LE PHONOGRAPHE.

« Nous ne sommes pas encore accoutumés au téléphone ; à peine comprenons-nous bien le sens et la portée de cette invention qui permet de porter la parole humaine à des distances extraordinaires, qu'on nous annonce une invention bien plus singulière : il s'agit cette fois non plus d'entendre à distance, mais d'emmagasiner le son pour ainsi dire, et de le faire de telle sorte qu'à un moment donné ce son puisse être restitué par de simples combinaisons mécaniques. L'instrument qui remplit cet objet se nomme le phonographe, il écrit les sons et les conserve jusqu'au moment où le signe doit redevenir un son.

Avant de décrire le phonographe, je reviendrai encore sur le téléphone pour faire ressortir une des particularités les plus dignes d'intérêt de cet appareil. On connaît la théorie de Helmholtz sur la production des voyelles ; on sait que celles-ci doivent être considérées comme des collections d'harmoniques différentes, et pour la valeur même de ces harmoniques et pour leur intensité relative, et l'on n'ignore pas que ces variations sont produites par une disposition de l'appareil buccal particulier à chaque voyelle. Il n'y a donc pas lieu de se trop moquer du maître de philosophie de M. Jourdain, et les fameuses explications relatives à chaque voyelle correspondent en effet à des réalités. « La lettre *a* se forme en ouvrant fort la bouche ; la lettre *e* en rapprochant la mâchoire d'en bas de celle d'en haut, et la lettre *i* en rapprochant encore davantage les mâchoires l'une de l'autre et écartant les deux coins de la bouche vers les oreilles, etc. » Cette explication, qui fait tant rire à la scène, pourrait parfaitement trouver sa place dans le livre de Helmholtz.

« Les ligaments vocaux, lit-on dans *la Voix, l'Oreille et la Musique*, agissent à la façon de deux lèvres membraneuses qui, en se fermant et en s'entr'ouvrant rapidement, produisent un son, et la chambre résonnante de la bouche ne fait qu'enfler les notes chantées par le larynx. La glotte est l'anche, la bouche le résonnateur. Il est impossible d'imaginer un appareil plus ingénieux, qui montre mieux à quel point les œuvres de la vie depassent toujours celles de l'industrie humaine. Tandis que la glotte frémissante chante sur tous les tons de l'échelle musicale, la bouche et la langue docilement se contractent, s'enflent, se creusent, se modèlent de façon à faire résonner inégalement les harmoniques et à donner ainsi au son total les timbres les plus différents. A ces timbres bien autrement distincts que ceux qu'on obtient par des artifices divers du même instrument de musique, on donne le nom de voyelles. Tel chœur d'harmoniques est *a*, tel autre *o*, un troisième *i*. »

On comprend bien cette théorie des voyelles; on comprend aussi que, si l'on chante un *a* à une extrémité d'un téléphone, on doive entendre un *a* à l'autre extrémité; car les diverses ondes qui composent et constituent le son initial de l'*a* voyagent ensemble et sans se contrarier mutuellement jusqu'au bout du téléphone, transformées il est vrai en ondes électriques, mais ces ondes électriques se transforment de nouveau en ondes sonores. La reproduction des voyelles à distance, pour si extraordinaire qu'elle puisse sembler, n'a donc cependant rien qui ne s'explique à peu près ; mais que dire des consonnes ? Pour moi, je le confesse, je m'étais figuré que le téléphone ne pouvait prendre dans le discours qu'une succession de voyelles, et que le discours, reproduit par cet instrument, devait ressembler à ces paroles un peu indistinctes des personnes qui n'articulent plus nettement.

Je ne comprenais pas et je ne comprends pas encore comment la reproduction des consonnes peut s'opérer à distance ; car la consonne n'est pour ainsi dire qu'un passage de voyelle à voyelle, et ce passage s'opère dans des conditions physiques spéciales dont la trace semble théoriquement impossible à fixer. Il faut pourtant se rendre à l'évidence des sens ; j'ai entendu, de mes oreilles entendu, la reproduction des consonnes comme celle des voyelles ; je veux bien que l'esprit vienne ici un peu au secours des sens et complète volontairement ou involontairement ce qu'il peut y avoir d'un peu défectueux dans l'articulation des sons ; toutefois cette articulation existe. Ce n'est pas une simple succession, une sorte de mélopée de voyelles qu'on entend dans le téléphone ; c'est bien le langage humain complet ave toutes ses nuances et sa richesse.

L'inventeur du phonographe est M. Thomas E. Edison, de Mantow-Park, New-Jersey, électricien de la Compagnie de l'Union télégraphique des États-Unis occidentaux. M. Edison est bien connu aux États-Unis et en Angleterre, notamment pour les perfectionnements pratiques qu'il a apportés dans plusieurs branches de la télégraphie. Le phonographe se compose de trois parties essentielles : un récepteur, un enregistreur et un transmetteur. L'appareil récepteur est un tube courbé à l'extrémité duquel il y a un entonnoir dans lequel on parle. Au bout du récepteur, il y a une ouverture de deux pouces environ de diamètre fermée par un diaphragme ou disque métallique extrêmement mince, qui vibre avec une grande facilité.

Au centre de ce diaphragme est fixée une aiguille d'acier qui se meut en même temps et de la même manière que le centre du diaphragme. Cet appareil est posé sur une table et placé juste en face de l'enregistreur. Ce second appareil est un cylindre de bronze, qui a environ quatre pouces de longueur et quatre pouces de diamètre, et dont la surface porte des rainures en forme d'hélice ; il y a environ dix de ces rainures héliçoïdales par pouce, ce qui fait quarante pour la longueu entière du cylindre. La longueur total de cette rainure est de 42 pieds ; si on l'étendait sur une ligne continue horizontale, c'est là environ la distance qu'elle couvrirait.

Le cylindre couvert de ces rainures, en forme de vis, est monté sur un axe horizontal, et l'aiguille de l'appareil récepteur, placée comme nous l'avons dit au centre du diaphragme vibrant, s'y appuie légèrement. Le cylindre est ainsi disposé que l'aiguille porte dans la rainure et que le cylindre peut être animé, par un mouvement d'horlogerie, d'un mouvement de rotation, en même temps que d'un mouvement de translation horizontale, de telle sorte que l'aiguille reste toujours engagée dans la rainure de l'enregistreur. Il n'est pas bien difficile d'imaginer comment les deux mouvements de rotation et de translation se combinent pour obtenir cet effet.

Que faut-il donc pour enregistrer les vibrations de l'aiguille ? Il faut que le fond de la rainure dont les diverses parties passent successivement devant l'aiguille vibrante reçoive en quelque sorte l'empreinte de la vibration, que les ondes sonores s'y dessinent, qu'elles y tracent une courbe formée de parties successivement ascendantes et descendantes. Pour cela, on s'arrange pour que l'aiguille, en vibrant, exerce une légère pression sur une feuille mince d'étain ; cette feuille qui enveloppe tout le cylindre est inélastique, elle reçoit une sorte d'impression, chaque oscillation de l'aiguille y produit un creux, une sorte de petite vallée.

Quand le cylindre a achevé sa course, toutes les paroles prononcées dans le récepteur se sont imprimées dans la longue rainure héliçoïdale ; celle-ci a reçu une sorte de gravure naturelle, et les moindres inflexions de cette gravure ont leur importance, puisqu'elles sont la trace permanente d'une onde sonore. Si les sons ont été forts, les marques seront profondes ; s'ils ont été légers, elles seront plus légères ; la petite vague linéaire tracée par l'aiguille dans l'étain sera l'image fidèle des vagues sonores.

Je ne sais si j'ai bien fait comprendre le principe de cet appareil enregistreur ; il faut le considérer comme une véritable impression, durable et immuable, de tout ce qui peut sembler le plus difficile à fixer, de la voix. Il ne reste plus qu'à expliquer comment cette impression peut être utilisée pour reproduire les mêmes sons que ceux qui l'ont produite. C'est ce qui se fait dans le troisième appareil, dans le transmetteur.

Il faut se figurer un tambour conique métallique avec la grande extrémité ouverte et la petite extrémité de deux pouces de diamètre recouverte en papier. Devant ce diaphragme en papier est un léger ressort en acier vertical et terminé par une aiguille qui ressemble à celle du diaphragme du récepteur. Le ressort est mis en rapport avec le diaphragme en papier du transmetteur au moyen d'un fil de soie, convenablement tendu.

Cet appareil est placé devant le cylindre du récepteur. Les choses sont disposées de telle manière que l'aiguille de l'appareil transmetteur recommence exactement la même course que celle de l'aiguille du diaphragme récepteur. La pointe d'acier suivra la pointe ondulée qui se déroule devant elle ; elle vibrera et recommencera dans le même ordre tous les mouvements qui se sont imprimés sur la trace qui lui est marquée.

Des vibrations se communiqueront au

diaphragme de papier et il en résultera une série d'ondes sonores tout à fait semblables à celles qui ont été imprimées sur la feuille d'étain. On entendra, chose merveilleuse, sortir des mots du tambour conique, altérés cependant et empreints d'un timbre métallique. Si le cylindre se meut la seconde fois plus lentement que la première, la voix gagnera en gravité ; s'il se meut plus vite, elle deviendra plus aiguë.

Tel est exactement l'appareil de M. Edison ; on comprend que le phonographe est un instrument bien autrement délicat que le téléphone ; il doit être construit avec la précision d'une montre ; il faut que le mariage entre le mouvement vibratoire des aiguilles, soit du récepteur, soit du transmetteur avec la rainure hélicoïdale du cylindre, se fasse avec une admirable précision ; l'aiguille qui imprime la voix doit avoir un mouvement aussi doux que facile, l'aiguille qui la recueille, si je puis me servir de ce mot, doit presser, mais aussi légèrement que possible, sur la petite surface ondulée qui lui imprime la vibration qui se métamorphose en vibrations sonores.

Je laisse à l'imagination de mes lecteurs le soin de broder sur le thème sans fin que nous offre le nouvel appareil. Fixer la parole humaine, la fixer sur le métal, pouvoir l'enfermer, la mettre à l'écart, la soustraire à toute oreille et la ressusciter à volonté ; quel étonnant prodige ! Le temps est ainsi détruit et annihilé : les idées pourront s'échanger non-seulement à toute distance, mais à tout intervalle chronologique. Non-seulement la pensée, mais la voix pourra survivre à la mort. Un tel sujet semble fait pour le poëte autant que pour le savant ; mais y a-t-il rien de plus poétique que la science, quand elle regarde en face l'éternel miracle de la nature et de la vie ?

Réclamations fatales. — Le vieux neuf. — Toujours le dicton *Nil novi sub sole*. — M. du Moncel. — M. Page. — Papin et les machines Crampton. — L'arquebuse de Charles IX et le fusil Gras. — Il fallait l'inventer. — Les gens grincheux.

Le nombre des moines qui ont inventé la poudre avant Roger Bacon est incalculable, si nous en croyons les Allemands, grands amateurs de recherches dans la nuit des temps, nuit à la faveur de laquelle on peut du reste découvrir l'Amérique tous les dix ans.

On sait quelle lutte s'établit entre la patrie de Papin, celle de Stephenson et celle de Salomon de Caus, pour savoir lequel de ces trois hommes avait inventé la machine à vapeur. Stephenson l'avait mise en mouvement, mais Papin l'avait construite, fixe et toute prête à subir un progrès. Salomon l'avait pressentie, etc. Il en est ainsi toutes les fois qu'une invention arrive à l'air pur et à la lumière. Il y a toujours quelqu'un qui en a eu l'idée avant le malheureux inventeur.

A Paris, dans le monde des théâtres, c'est un peu la même chose. Un auteur fait une pièce à thèses, ou à décors nouveaux, inédits. Aussitôt un chœur s'écrie : Nous avons fait cette pièce-là il y a beaux jours !

Il faudrait donc croire que M. Édouard Fournier, notre honoré confrère, a bien fait d'écrire son livre si intéressant : *Le Vieux neuf*, et de reprendre l'histoire d'une foule de vieilles choses oubliées, remises à neuf de notre temps....

Nous croyons pouvoir maintenir ce que nous avons dit, en commençant, du téléphone, à savoir que jamais l'homme n'a imaginé pareil instrument. Cependant, il s'est trouvé des gens, un peu fondés, ma foi, mais pas assez, grand Dieu ! pour réclamer la priorité de l'invention.

M. du Moncel a fait connaître à l'Académie des sciences que, dans la première édition de son *Traité théorique et pratique de la télégraphie électrique*, paru il y a vingt ans environ, il a décrit un appareil identiquement semblable à celui de M. Graham Bell.

Un physicien américain, M. Page, a, dit-on, remarqué il y a plus de quarante ans que chaque fois qu'une barre de fer était aimantée et désaimantée rapidement, il se produisait une série de vibrations qui se transformait en une série de sons modulés. M. Page avait donné à ce phénomène le nom de *musique galvanique*. C'était l'idée première du téléphone que plusieurs physiciens, entre autres de la Rive, Philippe Reiss, Friedrichsdorf, ont cherché, sans succès, à appliquer d'une façon pratique, au point de vue de la transmission de la parole à distance.

Eh ! que ne l'a-t-il montré, son appareil, M. du Moncel! Comment expliquer qu'un *appareil identiquement* semblable à celui de M. Graham Bell ait été trouvé il y a vingt ans, et soit demeuré dans l'ombre, alors que celui du professeur anglo-américain a fait en six mois le tour du monde !

Des hommes ingénieux ont en effet, avant M. le professeur Bell, cherché à transmettre les sons ; le premier en date est ce M. Philippe Reis de Francfort, qui publia son travail en 1861 dans les *Jahresberichte des Franckfurter Vereins der Naturwissenschaften* pour 1866-1861, une revue dont le titre est bien allemand.

Cet appareil fait le plus grand honneur à son inventeur.

Mais l'appareil de M. Reis ne transmettait ni l'intensité du son ni le timbre ; il ne transmettait que la hauteur du son, et encore ne faisait-il cette besogne que d'une manière assez imparfaite.

Après M. Reis sont venus d'autres inventeurs ; mais ni les inventions de M. Elisha Gray (de Chicago) et de M. Lacour (de Copenhague), ni les autres ne présentent un grand intérêt. Sir William Thomson a exprimé son avis à Glasgow, en disant que les téléphones qui ont précédé celui de Bell en diffèrent autant que les battements de la main diffèrent des sons de la voix humaine.

Quel rapport, en effet, y a-t-il encore entre la machine de Stephenson et celle de Crampton aujourd'hui, ou ces énormes locomotives du Creuzot ? Y a-t-il une comparaison à établir entre le mousquet ou l'arquebuse, que la légende met si mal à propos dans les mains de Charles IX, et le fusil Gras dont sont armées aujourd'hui nos troupes ? Assurément, l'honneur premier revient d'abord à l'homme qui a inventé la poudre. Cela va de soi. Voilà qu'aujourd'hui on ne sait plus qui c'est. Les Allemands parlent d'un quidam des environs de Dijon. Un Schliemann de douzième ordre a découvert cette nouvelle histoire dans un parchemin.

Par analogie, l'honneur de la découverte du téléphone ne reviendrait à personne, puisqu'on ne sait pas encore au juste si c'est Galvani, ou Volta, ou d'autres encore, qu'on doit considérer comme les deux ou trois pères de l'électricité.

Chicanes de gens grincheux que tout cela.

L'homme qui trouve un pareil instrumental a fait une découverte bien originale. Il l'a faite aidé des progrès de son temps. La belle affaire. Il ne manquerait plus qu'on lui vînt contester le droit de se servir de ces progrès-là !

VI

Vitesse de l'électricité. — Les courants voisins. — Détails techniques sur l'une des expériences citées plus haut. — Le téléphone dans l'usine télégraphique de la rue de Grenelle.

M. Graham Bell affirme avoir eu l'occasion d'opérer sur une ligne télégraphique ayant 415 kilomètres de longueur, et avoir obtenu une transmission parfaite. Si l'on tient compte de ce fait que la vitesse du son dans l'air est de 333 mètres par seconde ; que dans un fil métallique elle serait de 5,120 mètres environ ; et qu'enfin la vitesse de l'électricité est au moins de 40,000 kilomètres par seconde, dans les lignes aériennes, on voit que le bénéfice obtenu dans la vitesse de transmission est en dehors de tout ce que l'on pouvait attendre.

Si l'on fait ces expériences téléphoniques sur un fil télégraphique ordinaire, on reconnaît bien vite un phénomène qui vient gêner la transmission et qu'on peut d'ailleurs s'expliquer théoriquement d'une façon fort simple.

Le téléphone est mis en action, d'après sa construction même, par des courants d'une intensité très-faible ; si donc, en présence d'un fil téléphonique, et à une petite distance, passent des courants tels que ceux qui servent à faire manœuvrer les appareils télégraphiques ordinaires, il se produit dans le premier fil une série de courants d'induction qui, venant agir dans le téléphone, donnent une série de claquements.

Dans les expériences faites sur la ligne de Saint-Germain, dont nous avons parlé plus haut, et où il y avait en présence plusieurs fils aériens, ce phénomène fut très-sensible.

Bien plus, on pouvait reconnaître la

nature des appareils employés dans le lancement des dépêches télégraphiques : avec l'appareil à cadran, c'était un bruit de moulin à café, coupé et intermittent. Il en est de même avec l'appareil Morse, et en supposant un seul Morse transmettant, on pourrait facilement à l'oreille traduire la dépêche. Dans le cas ordinaire où plusieurs Morse travaillent ensemble, on a une série de chocs, qu'un électricien anglais, M. Preece, compare, avec beaucoup de justesse, au bruit de la grêle frappant les carreaux.

Dans des expériences fort intéressantes dirigées par M. Bontemps, et faites à l'administration des télégraphes, rue de Grenelle-Saint-Germain, on constata le même phénomène, mais avec une complication encore plus grande.

Sur une certaine distance, en effet, les fils du téléphone côtoyaient les fils conducteurs de diverses pendules de l'administration ; on entendait parfaitement les envois du courant ; on reconnaissait également les transmissions de l'appareil

Hughes, et les employés habitués à lire certains mots au moins, au son, arrivaient dans le téléphone à retrouver la même cadence.

Cette usine à télégraphes de la rue de Grenelle-Saint-Germain est véritablement stupéfiante pour le curieux qui peut arriver à la visiter.

Le téléphone, après avoir été isolé dans le cabinet de l'ingénieur, M. Bontemps, a donné à l'administration française les preuves de ses capacités.

Lutte curieuse de ce nouvel engin scientifique contre les appareils innombrables qui fonctionnaient au moment le plus « chaud » de la journée, vers trois heures et demie.

L'administration française des télégraphes est, par sa nature spéciale, portée vers le progrès et vers l'étude de toutes les questions qui peuvent l'amener chez elle.

Elle se distingue en cela de quelques autres administrations sœurs dont l'empressement à adopter les modifications progressistes de l'étranger ou des Français même est devenu proverbial. Aussi nous adresserons-nous à MM. les ingénieurs de la rue de Grenelle pour leur demander de faire, devant des représentants de la presse scientifique ou non scientifique, des expériences à distances anormales.

En effet, si M. Graham Bell dit avoir expérimenté le téléphone à 450 kilomètres, nous le croyons sans peine.

Mais pourquoi n'a-t-il pas expérimenté son appareil à 600, à 700, à 1,000 kilomètres ?

Serait-il vrai que sur une distance dépassant 125 lieues, l'effet magique ne se produirait plus ?

On le dit.

Est-ce certain ?

Il serait au moins prudent de l'expérimenter. Non que ce soit un obstacle à l'application du téléphone, on perfectionnera au delà de ce que nous pourrions prévoir, soyez-en persuadé, mais on serait au moins fixé là-dessus. Or, il y a doute. On dit oui, et non. En réalité, tout le monde s'en rapporte. Et ce que nous demandons à MM. les ingénieurs français, ce serait de prendre un fil de développement considérable : de Paris à Marseille, par exemple, avec dérivation à Dijon et Valence. Si l'on entend à Dijon, et point à Valence ; ou si l'on entend à Valence comme à Dijon, et point à Marseille, les chercheurs ont une base et peuvent travailler sur une donnée précise.

Et à l'heure présente, cette donnée manque. On n'a comme limite extrême, — probablement extrême, — de la puissance des téléphones actuels que les 450 kilomètres de M. Graham Bell.....

Tel est le *téléphone*, l'invention de 1877 à jamais mémorable.

Tel qu'il est, le joujou, nous le répétons, est taxé par beaucoup de gens d'instrument imperfectible, et inutile quoique merveilleux. On dit ceci, que les rapports entre les différents centres d'affaires ou groupes d'hommes doivent toujours être fixés sur le papier, et que le téléphone supprimerait le *document*, cher aux bureaucrates. Il y a du vrai dans cette objection, mais c'est la seule qu'on ait pu faire à l'emploi du téléphone. Et l'emploi du petit appareil Bell est destiné à faire bien plus de mal, ou de bien, selon les gens qui l'emploieront, que le télégraphe Morse, dont il n'a pas le papier bleu, mais qu'il surpasse en rapidité, en discrétion, en INTIMITÉ.

Car c'est là le mot : ce sera le confident *intime* entre les points les plus distants. Étudions simplement quelles applications immédiates cette faculté de causer entre Paris et Londres pourra faire naître avant que plusieurs années, que plusieurs mois peut-être, se soient écoulés.

VII

Premières applications dans la vie domestique. — Applications impérieusement réclamées. — Les mines ; la marine ; les ballons ; la guerre. — Les écoles allemandes et le téléphone. — M. de Bismark s'en sert-il ? — Téléphone public.

Ce que l'homme peut obtenir et pourra exiger de la téléphonie, cette puissance à son essor, Dieu seul le sait.

L'imagination embrasse immédiatement un champ immense, admirablement fertile, quand il s'agit de passer de la théorie à la pratique et d'appliquer, même à son état rudimentaire, les téléphones de Bell et de ses émules contemporains.

A notre avis, les applications dans la

vie domestique, qui paraissent être l'ob-
jectif de certains étrangers, à l'esprit plus
mercantile que scientifique, nous paraissent fort peu pratiques. Le petit tuyau
acoustique vert que nous connaissons
est beaucoup plus commode pour échanger des communications d'un étage à
l'autre que le téléphone à sonnerie dont
on fabrique quelques échantillons.

Mais c'est hors de la maison, dès qu'on
a franchi la rue, les murs de la ville, les
limites de la propriété, que le nouvel appareil devient commode. Ce n'est pas
pour modifier plus ou moins un état de
choses établi depuis bien longtemps que
l'invention fait tant de bruit, ni pour
qu'un fil de laiton remplace un tuyau
vert; c'est au contraire pour produire ces
faits nouveaux, la suppression des gran-
des distances et la conquête des espaces
par la parole.

C'est à partir d'un kilomètre jusqu'à
500, 1,200, 2,000, 20,000 kilomètres, si
l'on y peut atteindre, que l'instrument
devient précieux.

Laissons donc de côté les téléphones pour chambres d'hôtel et attachons-nous aux résultats considérables qu'on pourrait obtenir dans les mines, l'aérostation, la guerre, etc.

M. Niaudet, dans sa communication à la Société des ingénieurs civils, disait ceci :

« Les ingénieurs des mines paraissent unanimes à penser que le téléphone rendra de grands services pour communiquer avec le fond des puits et des galeries. Des essais ont été faits dans des houillères anglaises et ils ont eu un plein succès.

« M. Bell m'a parlé d'une lampe d'invention nouvelle qui trahit la présence du grisou, en chantant d'une manière particulière, comme fait la lampe philosophique qu'on montre dans les cours de chimie. Sir William Thomson et lui ont fait l'essai et constaté qu'avec le téléphone on entendrait ce chant de la lampe à grande distance, de sorte que l'ingénieur en chef pourrait de son bureau surveiller de temps à autre la composition de l'air de la mine.

« Le téléphone se prêtera merveilleusement aux communications avec un ballon captif et ce sera une de ses applications à l'art militaire ; déjà nos officiers s'en sont préoccupés.

« Le téléphone pourra-t-il servir à bord des navires ? Quelques personnes le croient : je n'ai pas d'opinion à ce sujet et pas encore d'expérience sérieuse à vous rapporter. J'espère qu'il en sera fait bientôt à bord des navires de l'escadre de la Méditerranée.

« En dehors des applications à la correspondance, il y en aura certainement d'autres, et je vous demande la permission de vous en signaler une, et de prendre date, devant vous, pour une idée que je n'ai pas encore eu le temps de mettre à l'essai.

« Je voudrais employer le téléphone à accuser l'existence de courants extrêmement faibles. Supposez, en effet, une source très faible d'électricité, une source douteuse, et que vous vouliez reconnaître ; faites passer ce courant dans un fil fort long enroulé sur une bobine, enroulé parallèlement à un autre fil aboutissant à un téléphone. Si le courant de la source interrogée existe, et qu'on l'interrompe un grand nombre de fois au moyen d'un commutateur quelconque, il induira des courants dans le fil du téléphone qui rendra des sons ou de simples bruits.

« Remarquez que cette méthode est susceptible de multiplication, car vous pourrez augmenter à volonté le nombre des circonvolutions du fil qui réagissent toutes les unes sur les autres. On augmenterait encore la sensibilité du système en mettant des fils de fer dans l'âme de la bobine, comme on le fait dans les appareils d'induction de Ruhmkorff. »

Ce que dit M. Niaudet à propos de la téléphonie en temps de guerre est exact. On s'en préoccupe à l'État-major, sérieusement, et discrètement.

A coup sûr le corps des télégraphistes qui déroule les fils derrière une armée pour relier entre eux plusieurs corps, peut tirer du téléphone un grand parti.

L'aérostation militaire, qui paraissait jusqu'à ce jour impossible, parce qu'on ne peut pas emporter un appareil Morse dans un ballon, devient réalité.

L'officier chargé de l'observation déroulera peut-être sous sa nacelle un fil double de 500 à 600 mètres, ou de 1,000, ou de 1,500 mètres. Chaque remarque pourra être immédiatement communiquée par lui dans le téléphone au corps d'armée qu'il doit renseigner. Il y a communication permanente entre le ballon et l'état-major.

Cette communication était jusqu'alors impossible, faute d'appareils assez simples pour pouvoir être emportés dans le ballon.

Nous souhaitons que prochainement des expériences spéciales donnent de bons résultats. Une ascension courte, par un temps calme, pourra fixer des points intéressants. Peut-être pourrons-nous la voir s'organiser bientôt.

Dicter la relation d'une ascension en se tenant à 1,500 mètres de hauteur, quel procédé nouveau pour faire de la *copie!*

Les écoles allemandes sont, nous dit-on, toutes pourvues de téléphones, et le bruit a couru que M. de Bismark, un homme qui doit avoir bien des confidences à faire, avait établi un fil téléphonique entre Berlin et Varzin, sa résidence préférée. Ce bruit a été déclaré inexact. Dont acte; mais le seul fait de l'avoir répandu prouve bien que nous ne nous tromperons pas tout à l'heure en prédisant au téléphone un triomphe complet dans la diplomatie de tous les mondes.

Quelques personnes ont parlé, dans les journaux, de téléphone public à expérimenter.

Voilà, croyons-nous, un beau contre-sens!

L'instrument est personnel, c'est ce qui fait sa valeur.

Comment irait-on, d'abord, parler dans le téléphone public, à un correspondant quelconque occupé beaucoup de ses affaires et fort peu de la communication qu'on veut lui faire, et qu'il ignore? Il faudrait amener les *clients* à la minute précise où le téléphone parlerait, et, pour ce faire, leur envoyer une dépêche préalable pour les avertir de se tenir prêts à écouter ce qu'on leur dira à l'heure voulue. Nous savons une fable dans laquelle on prouve, par quelque exemple, que ce moyen d'aller vite n'est pas précisément un trait de génie, au contraire.

VIII

Suite des applications immédiates. — Suppression des mâts de signaux. — Les ports. — Les ministères ; la police. — La diplomatie. — Les Bourses de Paris, Londres, Vienne. — Les journaux.

Que dire encore des applications nombreuses que l'inépuisable science humaine pourra découvrir d'ici peu ?

Est-ce qu'avec le téléphone, le mât de signaux n'est pas supprimé entre le sémaphore et le port voisin ?

Le sémaphore correspond avec les navires par des pavillons de couleur et de rayures multiples. Cet ordre de choses restera longtemps le même, il faut le craindre. Mais, entre le sémaphore et le bureau maritime d'un port, il y a toute la journée échange de signaux à petite distance. Le télégraphe ne va pas assez vite pour écrire les cent cinquante ou les deux cents ordres, instructions, en sens contraire, que se distribuent les officiers de port et les gardiens des signaux. Avec le téléphone, le commandant de port commande sa manœuvre aux bassins, et en même temps au sémaphore de la côte qui signale aux navires entrants l'état du chenal, la série de navires à sortir, etc. Les gens de mer comprendront certainement tout ce qu'il y a dès aujourd'hui à tirer de l'appareil.

Et les ministères! et la police! C'est dans ces administrations si compliquées de bureaux et de divisions, que le téléphone peut être avant peu utilisé.

Dans les ministères, on pourra communiquer d'un bureau à l'autre sans ces allées et venues qui perdent du temps le plus souvent. Chose plus sérieuse : le ministre de l'Intérieur, qui tardera probablement à établir le téléphone public, pourrait dès demain confisquer à son profit 86 fils télégraphiques, un par chef-lieu de département, et leur appliquer une ou deux heures par jour le téléphone, selon les besoins de son service.

On lit souvent dans les journaux :

M. X..., préfet de la Corse, a été mandé en toute hâte à Paris.

M. Y... est arrivé sans prendre une minute de repos ; il a conféré dix minutes avec le ministre et est reparti par l'express pour sa préfecture de Bordeaux. Etc.

Évidemment, il y a là un progrès à réaliser. Le ministre fait venir MM. X... et Y... pour leur dire *de vive voix* ce qui ne se peut écrire ni télégraphier. Ce sont des instructions confidentielles, des ordres brefs, délicats, sur telle ou telle complication éventuelle dans les rouages des préfectures, du gouvernement.

MM. X... et Y... font deux cents lieues en vingt-quatre heures, ont à peine le temps de prendre langue. Ils sont réduits à faire des voyages trop fréquents, qui nuisent peut-être à la bonne organisation générale de la république.

Avec le téléphone confidentiel, le ministre communique à son délégué les instructions les plus graves, les secrets les plus importants. Le ministre est à Paris, le préfet à Ajaccio ou à Bordeaux. Sans déranger les deux fonctionnaires, on les instruit sur les choses dont ils ont demandé l'éclaircissement.

Pour la police, les résultats à obtenir n'ont pas besoin d'être énumérés.

Le redoutable M. Jacob, que notre génération s'habitue à considérer comme le vengeur habile de la société et l'impitoyable chasseur des coquins, gagnerait du temps et un temps précieux, s'il avait dans son service le téléphone des préfets une heure ou deux par jour ; M. Jacob ou ses chefs, je ne sais au juste qui devrait hiérarchiquement parler dans le téléphone.

En quelques instants les ordres d'arrestation, les signalements utiles, les notes si importantes pour la sûreté publique pourraient être adressés aux grands centres.

Tout ce qui a dans les administrations, en un mot, un caractère confidentiel, a trouvé dans le téléphone un transmetteur idéal. Et il faut croire que bientôt l'application en sera faite chez nous comme chez nos voisins.

Pour la diplomatie par-dessus tout, c'est un présent des dieux.

Et pour les Bourses nationales? La Bourse de Londres reliée à celle de Paris et à celle de Vienne par un fil téléphonique, ou plusieurs, car dans ces établissements, on parle beaucoup et souvent, et les *consolidés* anglais fluctuant de minute en minute, pendant que la rente française bascule, et que les Parisiens haussent ou baissent sur des événements immédiats, ou que les Viennois « vendent ferme », tout cela marchant ensemble et s'enregistrant instantanément.

Aujourd'hui, quand la Bourse de Paris s'ouvre, les fils qui traversent le détroit reçoivent les télégrammes par milliers. Les syndicats à eux seuls en échangent beaucoup. On peut voir affichées dans la

Bourse de Paris des dépêches venant d'heure en heure, de demi-heure en demi-heure, de quart d'heure en quart d'heure, de la Bourse de Londres, portant les cours de la minute précise à laquelle la dépêche est transmise.

Quelle énorme économie de temps et quelle commodité avec le téléphone reliant les deux syndicats, anglais et français! Un employé à Paris et un autre à Londres causeraient pendant les deux heures que dure la Bourse, et les affaires se feraient comme si les deux marchés étaient réunis dans une même enceinte.

Il est probable d'ailleurs que le syndicat des agents de change va étudier un projet dans ce sens.

Pour ce qui est des journaux et des améliorations que le téléphone peut apporter dans leur organisation intérieure, qu'il soit permis à un journaliste d'en signaler une, touchant la grande question de Paris capitale, et de Versailles siége du gouvernement et des assemblées.

Les cabinets de tous les secrétaires de

rédaction des journaux de Paris devraient être munis d'une embouchure téléphonique, correspondant à une embouchure téléphonique placée à Versailles dans la salle des journalistes. Cette salle aurait donc une trentaine d'embouchures téléphoniques, portant toutes le nom du journal propriétaire de l'appareil.

Pendant les séances, les reporters parlementaires se rendraient, toutes les dix minutes, à l'embouchure de leur téléphone, et causeraient avec leurs secrétaires de rédaction, leur annonçant rapidement les nouvelles, les votes, etc.

Le secrétaire de rédaction noterait à Paris les récits de son collaborateur et en ferait des entrefilets de *dernière heure*, ou des articles d'une demi-colonne, à son gré, et suivant l'importance des communications faites. On voit quelle économie de temps, d'argent, de tout !

Mais, me direz-vous, tous ces fils spéciaux, ces trente fils qui s'en iront à Versailles, voilà bien de l'ennui pour les télégraphes !

Erreur !

Les trente fils sont centralisés à la rue de Grenelle, par exemple ; là, ils sont enfermés, isolés par les préparations ordinaires dans un tuyau spécial qui les contient tous les trente et qui s'appelle le Tuyau de la Presse. Ce tuyau va de Paris à Versailles ; là, les fils se distribuent de nouveau dans la salle même des journalistes, et vont rejoindre leurs embouchures respectives. Le télégraphe ne s'immiscerait en rien là dedans. On pourrait centraliser aussi bien les fils dans la rue Coq-Héron, chez le président du syndicat de la presse, M. Janicot, par exemple, et tout serait dit.

MM. les directeurs de journaux ne verraient-ils point cette amélioration avec plaisir ? Le public y gagnerait autant qu'eux, malgré l'indemnité annuelle que demanderait aux feuilles quotidiennes l'administration des télégraphes, pour le *préjudice* causé par le non-emploi de ses fils particuliers.

IX

Le téléphone dans l'avenir. — L'appareil parfait. — Ceux qu'on traite de fous. — Sommes-nous fous ? — Le concert, le théâtre en chambre. — Le téléphone analysera le silence. — Le téléphone-médecin. — Travaux des champs. — Le téléphone Krupp. — Les mailles d'un filet.

Que sera devenue dans un siècle, après mille et un perfectionnements, la petite membrane de Graham Bell ? L'imagination se plaît à courir dans l'avenir et à chercher des combinaisons étranges dont le moindre résultat serait de bouleverser le globe ou de lui donner en tous cas une nouvelle vie.

Se représente-t-on, en effet, l'appareil arrivé à la perfection ? Au lieu d'un petit cornet, nos descendants posséderont des téléphones à vaste embouchure, qui transmettront non-seulement le son qu'on répand dans leur orifice, mais tous les sons ambiants avec une fidélité et une mathématique irréprochables. Nous nous plaisons à croire que le téléphone atteindra, en l'an 2000, les proportions de la découverte beaucoup plus simple qui s'appelle le calorifère. C'est le plus modeste exemple qu'on puisse employer. Le téléphone générateur, de grande dimension, est installé au Théâtre-Français par exemple, non loin de la rampe. Par cent ou cent vingt fils il donne à cent ou cent vingt bouches de téléphone, disposées dans les appartements comme nos bouches de chaleur actuelle, la communication de tout ce qui se dit sur le théâtre. Dans ces appartements privés, la bouche téléphonique est placée auprès d'un meuble, non loin de la cheminée. Le locataire de l'immeuble est au coin du feu, fumant un cigare, et par la bouche mystérieuse lui arrivent correctes, savantes, vibrantes ou caverneuses, tes tirades du

Misanthrope ou d'*Hernani.* Le bruit des applaudissements vient à lui à la suite des grands vers, et voilà un homme qui, dans son fauteuil, assiste au premier spectacle du monde. Même effet pour un concert aux Champs-Élysées ou au Châtelet le dimanche.

Alfred de Musset avait-il prévu que sa jolie fantaisie du *spectacle dans un fauteuil* pourrait devenir une réalité ?

On traite généralement de fous les gens qui s'en vont ainsi, après avoir vu le côté immédiatement pratique des choses, battant la campagne et cherchant l'impossible, l'invraisemblable. C'est, tout net, ce qu'il y a de plus invraisemblable et de plus impossible qui réussit un jour et qui stupéfie.

Parmi les gens qui sont fous, à ce compte, il faut citer les romanciers. L'imagination du romancier cherche en effet, tâtonne, suppose des merveilles de mécanique dont ses contemporains n'ont pas idée. Et comme la pensée humaine ne suit qu'un très-petit nombre d'idées, précisément il arrive que la découverte *impossible* décrite avec mille détails fantastiques par le romancier devient, les siècles aidant, une belle et bonne découverte réelle, faite par un homme sérieux et travailleur. On a rappelé, il y a quelque temps, qu'Eugène Suë avait mis dans un de ses romans, *les Filles de Caïn*, l'un des plus mauvais qui soient sortis de sa plume, d'ailleurs, — un savant bizarre qui domptait l'azote, et faisait de ce gaz tout ce qui lui semblait utile à ses plans scientifiques : du solide ou du liquide. Comment y arrivait-il ? par des procédés auxquels Eugène Sue lui-même ne comprenait pas grand'chose, et le lecteur encore moins, mais il y arrivait. L'intérêt du roman y gagnait, paraît-il, d'autant que personne ne croyait à cette fiction insensée. Trente ans plus tard M. Cailletet faisait la découverte que l'on sait.

Dans une nouvelle très-curieuse, que le *Moniteur universel* a publiée il y a un an, un auteur contemporain, que je ne veux pas nommer dans ce petit livre, d'abord parce que sa modestie s'en effaroucherait et ensuite parce qu'il m'a prié de n'en rien faire, — publiait ce qui suit. Il s'agit d'un savant extraordinaire qui vit mystérieusement en Norwége, n'ayant pour toutes compagnes que ses cornues, et une servante sourde-muette :

« Oui, — c'est le vieux savant qui parle, en exhibant ses instruments fantastiques à deux visiteurs, — oui, on analysera le silence, on le décomposera comme on a décomposé l'air.

« On entendra les infiniment petits et les silencieux, et alors on aura le grand mot de la nature, le mot final de la pensée chez tous les êtres vivants. C'est à cette œuvre qu'aboutissent tous mes travaux antérieurs. C'est elle qui occupe les derniers instants de ma vie...

« Il me reste à continuer l'appareil parfait qui multipliera les sons à tel point que je puisse entendre ou noter les plus faibles. J'en ai déjà construit de mes mains plusieurs, dont le moins mauvais est celui-ci. Il se compose de prismes en bois de sapin..., etc., etc. » Suit alors une description extravagante d'un instrument qui n'a jamais existé.

Mais ces bruits du silence, ces susurrements des infiniment petits, le téléphone ne les traduira-t-il pas fidèlement, dans un temps qui n'est pas éloigné ? Est-ce qu'une gigantesque embouchure placée dans la gorge d'une montagne, dans une plaine déserte, dans la mer, et aboutissant à un cabinet de travail, n'enregistrerait pas les mille bruits de la montagne, ou ceux du désert, ou ceux de la mer ; puisque, c'est M. Bréguet qui l'affirme, avec le téléphone on entend se dissoudre un grain de sel. Et le savant continue :

« Mon rêve est d'emmagasiner des sons et des échos, de les multiplier, de les grouper, de les fondre en un grand bruit unique, de forme déterminée.... La télégraphie est encore dans l'enfance. Un jour viendra où l'on ne s'écrira plus, on se parlera comme je parle à ma servante, soit par les phonographes, soit par les plaques vibrantes, — des sortes de tambours de basque, sur lesquels on dépose une poussière très-fine que les vibrations du son font trembler comme le bruit du canon fait trembler les vitres. On saupoudre ces plaques vibrantes d'un sable très-fin ; le sable en se déplaçant forme des arabesques que les télégraphistes sauront fixer et lire ensuite. Ce petit système appliqué à la vie privée aura cet avantage bouffon de garder *la trace écrite des paroles dites !* Voyez quel désastre pour les gens de mauvaise foi, et quelle aubaine pour les absents ! »

Voilà le romancier parti à la découverte de l'appareil enregistreur des sons, basé sur le téléphone de Bell.

Après le récit du conteur, lisez ce que dit la science en 1878 :

« Après plusieurs innovations assez importantes, dit M. G. Bertrand dans un article du *Bien public*, j'en signalerai une autre dont les résultats seraient encore plus fantastiques. Il s'agirait de trouver un appareil enregistrant la voix, et pouvant la reproduire à volonté à l'instant même ou dans dix ans. Trois savants se sont occupés de la question, et je terminerai cette chronique en montrant où ils sont arrivés.

« D'un côté, MM. Marcel Deprez et Napoli placent, au centre d'une membrane vibrant sous l'action d'un son quelconque, un petit style dont l'extrémité frotte sur une plaque de verre garnie de noir de fumée : la plaque de verre se déplaçant avec une vitesse connue, il en résulte un tracé rigoureux des diverses vibrations de la membrane.

« On peut maintenant, à l'aide de ce tracé, construire une lame métallique dentelée suivant la courbe.

« Si maintenant on fait passer cette plaque métallique avec la vitesse de la première expérience, les dentelures se déplaçant sur un levier dont l'autre extrémité agit sur une membrane, on aura la reproduction de vibrations identiques à celle de la première. »

Le troisième savant est M. Edison. Le lecteur connaît son système de gaufrage : nous l'avons expliqué plus haut.

Non certainement, nous ne sommes pas fous quand nous imaginons que le téléphone répandu dans les campagnes sera d'une grande utilité dans les travaux agricoles. Voyez-vous le ranz des vaches sonné par un téléphone dont le cor générateur serait à Genève, capitale de la Suisse. C'est là une plaisanterie, mais, en n'exagérant rien, le téléphone placé au centre d'une métairie sera d'une utilité multiple. Quant au téléphone-médecin, il va de soi. Le malade est dans le pire des états. Impossible de le tirer de là sans le secours d'un médecin de la grande ville. On court au téléphone public, qui n'aura plus dans l'avenir les inconvénients inhérents à notre société d'aujourd'hui. Le médecin donne sa consultation par le fil, compte les battements du pouls par le fil, et le malade est guéri, ou meurt du moins avec le secours de la Faculté, ce qui de par tous les médecins est recommandé à tous malades présents et à venir.

Puisse-t-on voir enfin, dans toutes les branches de l'industrie, dans toutes les relations entre les peuples les plus divers, s'établir, grâce à des instruments perfectionnés, cette intimité de la parole qui supprimera, elle, toutes les distances, quand le télégraphe ne fait que les réduire. Nous voudrions voir, comme en 1867 le funeste canon Krupp, se dresser sur la berge de la Seine un appareil téléphonique formidable, qui mettrait en terre par sa puissance de sonorité les anciens outils de la vieille civilisation et entre autres les canons, Krupp ou autres, dont la fabrication est aussi terrible pour l'humanité que les recherches de la science pacifique sont fécondes.

Et si, dans deux cents ans, on fait, au ministère spécial des téléphones français, une carte de la France téléphonique, on ne verra sur le plan de notre pays qu'une toile d'araignée aux mailles ténues et innombrables, un filet microscopique qui enveloppera le pays tout entier depuis Brest jusqu'à Nice et de

Bayonne à Dunkerque ; ce seront les tracés de tous les téléphones de l'État et des particuliers, qui sillonneront Paris et les départements en tous sens, pour la plus grande prospérité de tous.

Voilà qui est bien ambitieux, bien romanesque, bien fou !

Non. C'est la conséquence heureuse et logique de la découverte de M. Graham Bell.

Nous avons vu naître l'appareil rudimentaire. L'âme y est, par conséquent tout est trouvé. Mais aussi rien n'est fait, et dans le temps présent, tout reste à faire.

C'est à nos ingénieurs français, à nos savants, qu'il appartient de poursuivre cette belle tâche, digne de préoccuper les plus grands esprits.

X

Le dernier chapitre du livre. — Le plus court et le meilleur.

Ce petit livre a une date. Il est mis sous presse en février 1878. Nous ne pouvons donc enregistrer que la marche rapide suivie par le téléphone jusqu'à ce jour.

Or, au moment où nous allons mettre sous presse, nous apprenons que l'Exposition universelle va être pourvue de téléphones, qui relieront d'abord le cabinet de M. Krantz, rue de Grenelle, au Palais du Champ-de-Mars et du Trocadéro. Une salle de concert, la grande salle des fêtes, croyons-nous, sera aussi pourvue de téléphones, qui transmettront, si on peut obtenir cet effet, les morceaux de musique dans Paris, à une grande distance de l'Exposition.

Enfin, pour le dernier paragraphe, nous avons le plaisir d'apprendre que trois députés, d'accord avec le gouvernement, vont soumettre aux Chambres un projet de loi sur la téléphonie, abrogeant la loi qui interdit jusqu'à présent aux particuliers de poser dans Paris des fils pour leur usage personnel.

FIN

APPENDICE [1]

Extrait du procès-verbal de la Société des Ingénieurs civils.

(*Séance du 2 décembre 1877*)

DESCRIPTION DE L'INSTRUMENT. — La figure ci-contre vous montre ses différentes parties.

Une membrane de fer fort mince est placée devant l'entonnoir ou embouchure de l'appareil ;

Derrière cette membrane une tige d'acier aimantée, placée perpendiculairement à la membrane ;

Sur cette tige d'acier une toute petite bobine de fil de cuivre, toute courte et toute voisine de la membrane.

Voilà tout le téléphone, qui est enfermé dans une boîte de bois, dont la forme extérieure reproduit le profil de l'appareil intérieur.

[1] Nous devons à M. Cornélius Roosevelt, concessionnaire des Téléphones-Bell, l'obligeante communication des gravures ci-jointes.

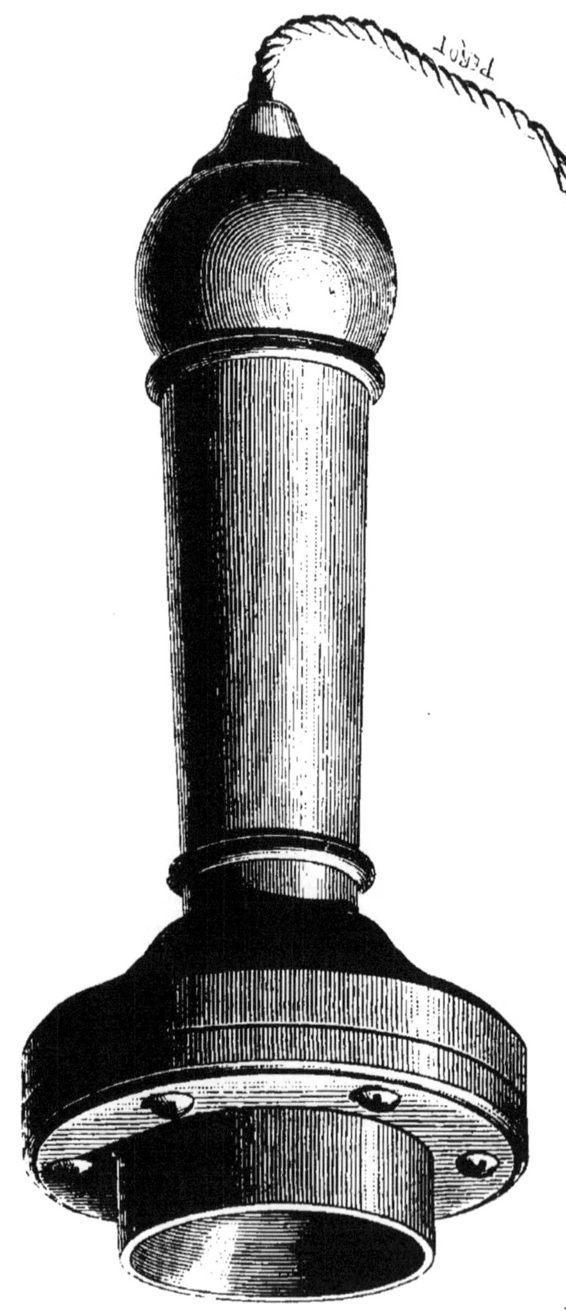

Le Téléphone de Graham Bell.

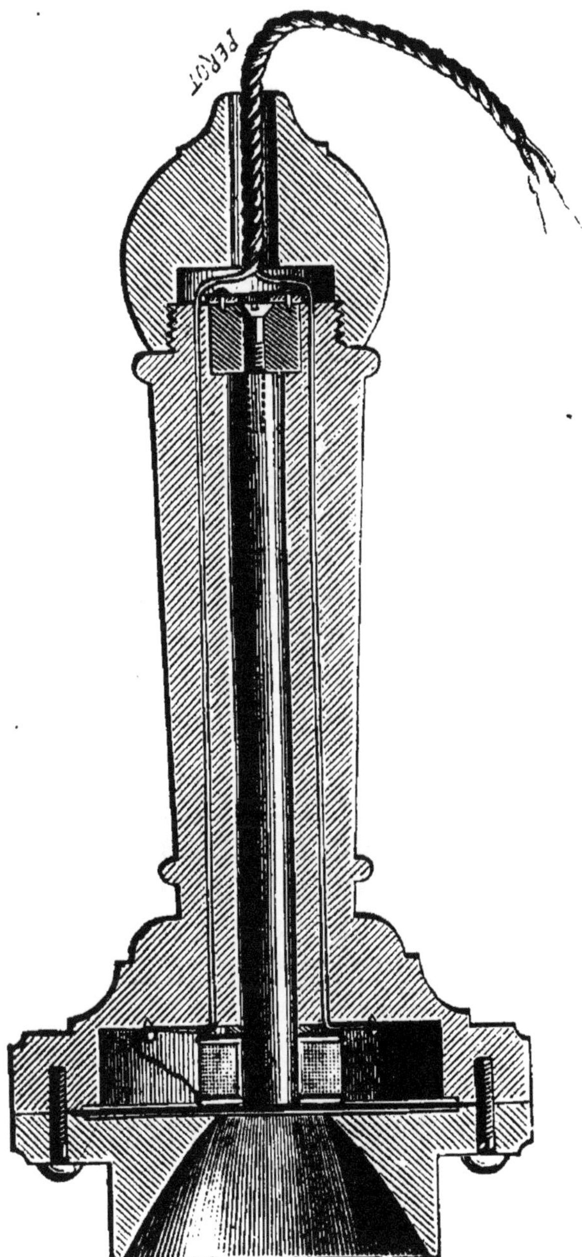

L'intérieur du Téléphone Bell.

Fonction de l'instrument. — Examinons maintenant comment il fonctionne, et disons d'abord que les téléphones transmetteur et récepteur sont reliés l'un à l'autre par deux fils ou par un fil et la terre, de telle sorte qu'il y ait un circuit complet dans le sens télégraphique du mot.

Partons du transmetteur ; on le présente à sa bouche, on parle dans l'entonnoir, dans l'embouchure, comme on parlerait dans un vulgaire porte-voix ; la membrane de fer vibre à l'unisson de tous les sons que produit successivement et même simultanément la voix ; de ces vibrations il résulte des approchements et éloignements de la membrane de fer par rapport au pôle de l'aimant et par suite des courants d'induction dans le fil de la petite bobine.

Vous vous souvenez, en effet, que tout mouvement réciproque entre un aimant entouré d'un fil conducteur et un morceau de fer entraîne la production de courants électriques, dits courants d'induction dans le fil.

Quand le fer s'approche de l'aimant, le courant d'induction est d'un sens que j'appellerai direct ; quand le fer et l'aimant s'éloignent, le courant est de sens inverse.

L'intensité de ces courants dépend de l'étendue du mouvement réciproque, et par conséquent, dans le téléphone, de l'amplitude des vibrations ; elle dépend aussi de la durée du mouvement.

Par conséquent, la production des courants dans le petit appareil que je vous présente, est calquée sur les mouvements vibratoires de la membrane, et si on faisait sur le tableau deux courbes ou diagrammes pour représenter l'un et l'autre phénomène, ces deux courbes seraient identiques.

Et cette courbe, vous le remarquerez, sera symétrique par rapport à l'axe des abscisses (ce sera une sinusoïde avec quelques altérations et complications). Cette symétrie explique comment un galvanomètre même fort délicat est impuissant à accuser l'existence des courants du téléphone ; les courants positifs et négatifs se succédant avec une extrême rapidité, leur action sur l'aiguille du galvanomètre est compensée, balancée et finalement inappréciable au galvanomètre.

Il me reste à expliquer le fonctionnement de l'appareil récepteur, qui est, comme je l'ai déjà dit, identique au transmetteur.

La série d'actions, de phénomènes que nous avons analysés dans le premier appareil se reproduit ici dans un ordre inverse ; tout ce qui était cause devient effet ; tous les effets deviennent causes. Les courants arrivent dans le fil de la bobine, augmentent ou diminuent le magnétisme du barreau ; il en résulte des attractions de la membrane et des diminutions d'attractions et enfin des mouvements de va-et-vient de cette membrane, des mouvements vibratoires.

Ces mouvements vibratoires sont absolument correspondants, pour le nombre, pour l'amplitude, pour la nature, à ceux de la première membrane, et si on présente ce second instrument à son oreille, on entend toute la succession des sons qui ont impressionné la première.

Je vous ai dit que les mouvements vibratoires de la seconde membrane étaient correspondants à ceux de la première ; je n'ai pas dit qu'ils fussent identiques, égaux. Il est bien entendu, en effet, que le mouvement perpétuel n'est pas réalisé ici, et que dans le système en question nous avons, comme dans toutes les machines, une perte résultant de la transmission et des transformations de la force.

Ceci explique comment les sons perçus par l'oreille sont notablement affaiblis.

LE PHONOGRAPHE DE ÉDISON.

TABLE DES MATIÈRES

PREMIÈRE PARTIE

LA DÉCOUVERTE DE GRAHAM BELL.

CHAP. I. — Un coin de l'Exposition de Philadelphie. — Appareils électriques. — Le téléphone de M. Bell. — Examen de MM. les savants. — Remarques de sir W. Thomson. — La merveille des merveilles. — Proclamation de la découverte. — L'incrédulité nécessaire. — Le pays des médiums...................... 5

CHAP. II. — M. Alex. Graham Bell. — Sa vie ; ses travaux. — Comment il est arrivé à sa découverte..... 12

CHAP. III. — Perfectionnements immédiats de M. Bell. — L'instrument à Paris. — Séance de l'Institut. — Séance de la Société des Ingénieurs. — Le concert de Glimore... 17

CHAP. IV. — M. Bréguet devant l'Institut. — L'instrument américain et l'instrument parisien. — Expériences de Saint-Germain et de Mantes-la-Jolie. — Le cabinet de MM. Bréguet père et fils. — La fille de Mme Angot électrisée. — La voix de polichinelle. — Badaux et insatiables............................. 23

CHAP. V. — Les journaux, les revues, les gravures. — Conférences de M. Jacquemart. — Conférences à la

salle des Capucines et au Troisième Théâtre-Français.
— Le téléphone en public. — Inconvénients de l'appareil pour la démonstration........................ 29

CHAP. VI. — Expériences et conférences dans les départements. — Rouen et Dieppe, Sangate et Douvres.
— Le téléphone d'Édison. — Expérience de Jersey.
— Le câble transatlantique. — Doutes à ce sujet. —
Infernale logique................................. 36

DEUXIÈME PARTIE

L'APPAREIL ET SES APPLICATIONS.

CHAP. I. — L'appareil. — Description technique. —
Description vulgaire.............................. 41

CHAP. II. — Appareils en dérivation. — Puissance de
son de l'instrument. — Portée probable. — Encore les
expériences. — Inconvénients. — Belle pensée d'un
ministre... 47

CHAP. III. — Transmission du timbre. — Vitesse du son.
— Perfectionnements de M. Pollard, de M. Trouvé,
de M. Édison. — Rabelais ; M. du Moncel ; le docteur
Goltz.. 54

CHAP. IV. — Encore le photographe de M. Edison. —
Perfectionnements. — Aperçus nouveaux........... 70

CHAP. V. — Réclamations fatales. — Le vieux neuf.
— Toujours le dicton *Nil sub sole.*— M. du Moncel.
— M. Page. — Papin et les machines Crampton. —
L'arquebuse de Charles IX et le fusil Gras. — Il fallait l'inventer. — Les gens grincheux.............. 82

CHAP. VI. — Vitesse de l'électricité. — Les courants voisins. — Détails techniques sur l'une des expériences citées plus haut. — Le téléphone dans l'usine télégraphique de la rue de Grenelle.................. 88

CHAP. VII. — Premières applications dans la vie domestique. — Applications impérieusement réclamées. — Les mines; la marine; les ballons; la guerre. — Les écoles allemande et le téléphone. — M. de Bismarck s'en sert-il ? — Téléphone public............ 95

CHAP. VIII. — Suite des applications immédiates. — Suppression des mâts de signaux. — Les ports. — La diplomatie. — Les Bourses de Paris, Londres, Vienne. — Les journaux......................... 101

CHAP. IX. — Le téléphone dans l'avenir. — L'appareil parfait. — Ceux qu'on traite de fous. — Sommes-nous fous? — Le concert, le théâtre en chambre. — Le téléphone analysera le silence. — Le téléphone-médecin. — Travaux des champs. — Le téléphone Krupp. — Les mailles d'un filet...................... 111

CHAP. X. — Le dernier chapitre du livre. — Le plus court et le meilleur........................... 122

FIN DE LA TABLE DES MATIÈRES.

BIBLIOTHEQUE NATIONALE DE FRANCE
3 7531 05084884 6